全国高职高专"十二五"规划教材

Pro/E Wildfire 5.0
基础实例教程

PRO/E WILDFIRE 5.0
JICHU SHILI JIAOCHENG

李月凤　主编　　李云梅　副主编

胡如祥　主审

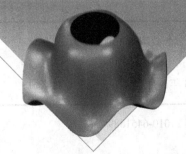

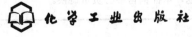

化学工业出版社

·北京·

本书从初识 Pro/E Wildfire 5.0 开始，由浅入深地通过案例学习介绍了草绘截面、基础建模、特征与编辑、高级特征、曲面设计、组件装配及工程图等内容，使读者在实战环境中，逐步学会如何使用 Pro/E Wildfire 5.0 快捷准确地实现产品的无纸化设计。

本书语言简明、实例丰富、深入浅出，便于教学，具有很强的实用性。特别适用于 Pro/E Wildfire 5.0 的初始学者自学。除可供高职高专工科学生作为教材使用，还可作为 Pro/E Wildfire 5.0 学习人员的培训用书，并可作为工程技术人员的技术参考书。

图书在版编目（CIP）数据

Pro/E Wildfire 5.0 基础实例教程 / 李月凤主编. —北京：化学工业出版社，2013.8（2023.8 重印）
全国高职高专"十二五"规划教材
ISBN 978-7-122-17994-4

Ⅰ. ①P… Ⅱ. ①李… Ⅲ. ①机械设计-计算机辅助设计-应用软件-高等职业教育-教学参考资料 Ⅳ. ①TH122

中国版本图书馆 CIP 数据核字（2013）第 165077 号

责任编辑：韩庆利　　　　　　　　　装帧设计：韩　飞
责任校对：陶燕华

出版发行：化学工业出版社（北京市东城区青年湖南街 13 号　邮政编码 100011）
印　　装：北京建宏印刷有限公司
787mm×1092mm　1/16　印张 12　字数 299 千字　2023 年 8 月北京第 1 版第 6 次印刷

购书咨询：010-64518888　　　　　　售后服务：010-64518899
网　　址：http://www.cip.com.cn
凡购买本书，如有缺损质量问题，本社销售中心负责调换。

定　价：27.00 元

前　言

本书以培养综合型应用人才为目标，在注重基础理论教育的同时，突出实践性教育环节。本着以企业岗位能力为目标，以真实的工作任务或生产实例为载体，实施任务驱动项目导向的教学模式。贯彻"教、学、做"一体化的教育教学改革方案，努力体现"以教师为主导，以学生为主体"的教学理念，发挥学生主体作用，有效实施教学的全过程。本书力图做到深入浅出，渐进佳境，突出高等职业教育的特点。本书可作为高职高专院校数控技术应用类、模具设计与制造类、机械制造及自动化类等机械类专业的教学用书，也可供有关技术人员、数控机床编程与操作人员参考、学习、培训之用。

Pro/Engineer 是美国 PTC 公司推出的一款功能强大的 CAD/CAM/CAE 集成软件。本书采用 Pro/Engineer Wildfire 5.0 中文版作为软件操作蓝本。

考虑初学者自身条件及其学习特点，各项目内容从易到难，由浅到深，图文并茂，简明易懂。将应用技巧和实用知识融合到相关典型实例并通过操作步骤的形式平铺直叙。通过这种循序渐进、重点突出的结构安排，能够让读者逐步熟悉软件功能，掌握使用 Pro/Engineer 进行相关设计的操作方法和技巧，从而为日后走入相关企业、模具设计公司工作奠定扎实的基础。

各项目的内容编排基本上采用"导读+提示+知识点"形式。在学习每个项目知识后，读者可以通过"实践与练习"部分提供的内容来检验学习效果，并巩固重要的知识点。

学时分配表

项　目	课　程　内　容	学　时
项目一	Pro/E Wildfire 5.0 基础知识	2～4
项目二	草绘基础	6～12
项目三	基础特征应用	12～18
项目四	特征放置与编辑	6～12
项目五	高级特征应用	12～18
项目六	曲面造型	8～12
项目七	组件装配	8～10
项目八	工程图	6～10
课时总计		78～96

全书共分 8 个项目。李云梅编写项目一；李月凤编写项目二～项目五；李艳霞编写项目六、项目七；韩国泰编写项目八。全书均由李月凤负责统稿，胡如祥担任主审。

本书有配套的项目学习素材，如果有需要，可发邮件 hqlbook@126.com 索取。

由于编者水平有限，书中不妥之处恳请读者批评指正。更欢迎广大学者和专家对我们的工作提出宝贵意见。

编　者

目 录

项目一 Pro/E Wildfire 5.0 基础知识

【项目导读】

了解与熟悉 Pro/E 软件功能是应用该软件的前提和基础，在 Pro/E 中创建 2D 几何图、3D 模型等过程均离不开对界面的操作，如文件管理、视图显示等。

本项目将详细讲解 Pro/E Wildfire 5.0 的基本设计功能和使用特征，使读者对 Pro/E Wildfire 5.0 有一个全面的认识，并且能够初步掌握 Pro/E 5.0 的基本操作，为进一步深入学习 Pro/E Wildfire 5.0 奠定坚实的基础。

【任务提示】

- 初始 Pro/E Wildfire 5.0
- Pro/E Wildfire 5.0 的基本操作
- Pro/E Wildfire 5.0 的工作界面
- Pro/E Wildfire 5.0 的基础视图
- 实践与练习

任务 1.1 初识 Pro/E Wildfire 5.0

1.1.1 Pro/E Wildfire 5.0 简介

Pro/E Wildfire 5.0 是美国参数科技公司(Parametric Technology Corporation,PTC)研发的一款三维实体建模设计系统。PTC 公司提出的单一数据库、参数化、基于特征和完全关联的思想从根本上改变了机械 CAD/CAE/CAM 的传统概念，其全新的设计理念已经成为当今机械 CAD/CAE/CAM 领域的新标准。凭借其强大的功能，Pro/Engineer 迅速成为全球最为流行的 CAD/CAM 软件之一，它为用户提供了一套从设计到制造的完整的解决方案。它可以很轻松地实现若干用户同时进行同一产品的设计、制造等工作，使产品设计、制造生产、产品测试、信息反馈等环节紧密相连，降低开发成本，缩短开发周期。

PTC 公司在 1988 年推出了 Pro/Engineer V1.0 版本之后升级出多个版本。2002 年开始发布 Pro/Engineer Wildfire（野火版）的第一个版本，如今已经更新到 Pro/E Wildfire 5.0。该版本蕴涵了丰富的最佳实践，在快速装配、快速绘图、快速草绘、快速创建钣金、快速 CAM 等个人生产力功能方面均有较大加强。在智能模型、智能共享、智能流程向导、智能互操作性等流程生产力方面的功能也有所增强。具体变化有工程图菜单图标化，在草绘中可以画斜的长方形与椭圆，意外退出自动保存，管道与电缆全部图标化，在机构中可以创建蜗轮与斜齿轮等连接，新增了人体工程学模块等。

1.1.2 Pro/E 的使用特征

Pro/E Wildfire 5.0 的主要特点如下：

（1）参数化设计和特征功能

Pro/Engineer 是采用参数化设计的、基于特征的实体模型化系统，工程设计人员采用具有智能特性的基于特征的功能去生成模型，如腔、壳、倒角、及圆角，可以随意勾画草图，轻易改变模型。这一功能特性给设计者提供了在设计上前所未有的简易和灵活。

（2）单一数据库

Pro/Engineer 以建立在统一层面上的数据库为基础，打破了传统的 CAD/CAM 系统建立在多个数据库模式上。所谓单一数据库，就是工程中的资料全部来自一个库，使得每位独立用户在为同一件产品造型而工作，不管他是哪一个部门的。换言之，设计过程的任何一处发生改动，都可以反映在整个设计制造活动的相关环节上。例如，一旦工程图有改变，NC 刀具路径也会自动更新；组装工程图如有任何变动，完全同样反映在整个三维模型上。这种独特的数据结构与工程设计的完美结合，使得一件产品的设计与制造浑然一体。这一优点，使得设计更优化、成品质量更高、产品能更好地推向市场、价格也更加合理。

（3）寻求全局最优决策，实现可持续发展的策略

Pro/E Wildfire 5.0 提出的单一数据库、全相关、基于特征的参数化设计等概念改变了传统 CAD 设计的线框建模方法，改变了工程师产品设计的思维方式，方便了用户使用 Pro/E Wildfire 5.0 生成不同格式的文件，以完成概念设计与渲染、零件设计、虚拟装配、生产制造等整个产品的生产过程。寻求全局最优决策，实现可持续发展的策略。根据功能的不同，Pro/E Wildfire 5.0 目前共有 20 多个大的模块，用户可以根据需要自行选择模块配置。针对产品设计的不同阶段，Pro/E Wildfire 5.0 将产品设计分为工业设计、机械设计、功能模拟、生产制造等几大方面，并分别提供了完整的产品设计解决方案。本书以 Pro/E Wildfire 5.0 中文版为软件蓝本。

任务 1.2　进退 Pro/E Wildfire 5.0 的基本操作

1.2.1　Pro/E Wildfire 5.0 的启动与退出

- 从桌面图标进入：双击 Windows 桌面上显示 Pro/E Wildfire 5.0 的快捷方式图标📱，启动 Pro/E Wildfire 5.0 程序，即可打开软件。
- 从【开始】菜单进入：单击【开始】按钮，依次选择【程序】 | PTC | Pro/Engineer | Pro/E Wildfire 5.0 命令即可打开软件。

1.2.2　Pro/E Wildfire 5.0 的关闭

- 选择菜单栏中的【文件】 | 【退出】命令；
- 单击标题栏右上角的（关闭）按钮，即可退出。

任务 1.3　认识 Pro/E Wildfire 5.0 的界面

Pro/E Wildfire 5.0 的设计环境随不同的设计过程而不断变化，不同的设计环境，界面是有所不同的，如图 1-1 所示为初始界面。本任务主要熟悉 Pro/E 的操作界面，包括菜单栏、【系统】工具栏、浏览器、【特征】工具栏、导航栏和状态栏。

1.3.1　菜单栏

菜单栏的主要功能是在设计模型时控制 Pro/E Wildfire 的整体环境，排列着文件、编辑、视图、插入、分析、信息、应用程序、工具、窗口、帮助，如图 1-2 所示。

标题栏
菜单栏
系统工具栏
消息区
过滤器
导航栏
特征工具栏
绘图区

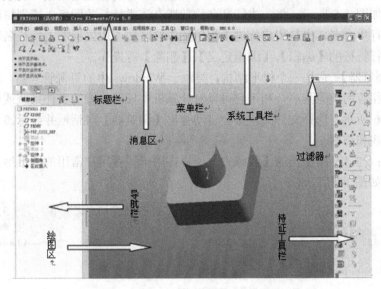

图 1-1　操作界面

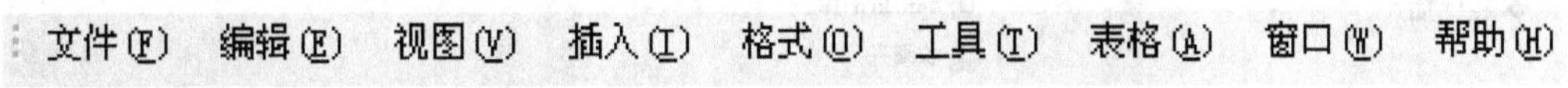

文件(F)　编辑(E)　视图(V)　插入(I)　格式(O)　工具(T)　表格(A)　窗口(W)　帮助(H)

图 1-2　菜单栏

1.3.2 【系统】工具栏

【系统】工具栏包括部分常用功能的按钮图标，单击这些按钮图标，就可以执行相应的功能，如图 1-3 所示。若将鼠标放在某个按钮图标上，系统会显示工具提示。在【系统】工具栏的空白处右击，可以在弹出的快捷菜单中选择添加或者删除某些功能按钮。

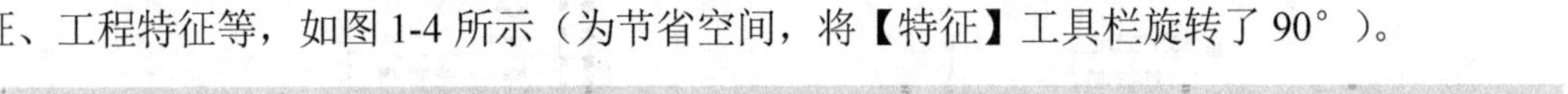

图 1-3 【系统】工具栏

1.3.3 【特征】工具栏

【特征】工具栏位于界面的右边，它纵向排列了常用特征功能按钮，包括基准、基础特征、工程特征等，如图 1-4 所示（为节省空间，将【特征】工具栏旋转了 90°）。

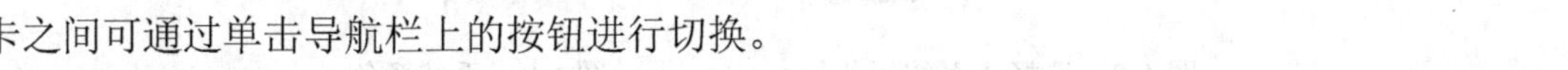

图 1-4 【特征】工具栏

1.3.4 导航栏

窗口左侧的导航栏包括【模型树】、【文件夹浏览器】和【收藏夹】三个选项卡，各选项卡之间可通过单击导航栏上的按钮进行切换。

【模型树】：记录了特征的创建、零件以及组件的所有特征创建的顺序、名称、编号状态等相关数据，如图 1-5 所示。每一类特征名称前皆有该类特征的图标。模型树既可方便地对其中的文件进行重命名，也是用户行进中编辑操作的区域。用鼠标右击特征名称，在弹出的快捷菜单中进行特征的【编辑】、【编辑定义】、【删除】等操作。

【文件夹浏览器】：它是一个树形结构，类似于 Windows 中的资源管理器，用鼠标右击对象，即可弹出相应的快捷菜单，利用它可以对计算机中任意位置的文件系统或已知位置进行访问。如图 1-6 所示。选择文件夹，则会自动弹出【浏览器】对话框并显示该文件夹中的文件方便用户查找和访问。

【收藏夹】：与 IE 浏览器的【收藏夹】一样，用于保存用户常用的网页地址，如目录、Web 位置等，如图 1-7 所示。

图 1-5　模型树

图 1-6　公用文件夹

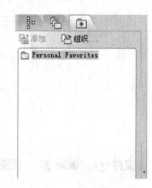
图 1-7　收藏夹

1.3.5　绘图区

窗口中间的区域是最重要的设计绘图区，也是模型显示的主视图区。在此区域，用户可以通过视图操作进行模型的旋转、平移、缩放、以及选取特征，进行编辑和变更操作。

该区域的默认背景色是灰色渐变。用户可以选择【视图】|【显示设置】|【系统颜色】|【布置】选项，进行背景色的设置，如图 1-8、图 1-9 所示。

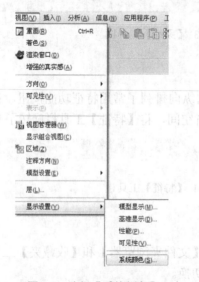
图 1-8　选择【系统颜色】

图 1-9　系统颜色

1.3.6　特征工具栏

单击窗口右侧特征工具栏的按钮后，即可显示相应的放置、选项和属性设置等。为方便叙述，本书将打开的工具面板称为"操作面板"，对于该面板的弹出项，我们称之为"下滑面板"。 如图1-10所示为【拉伸工具】的操作面板及【放置】下滑面板。

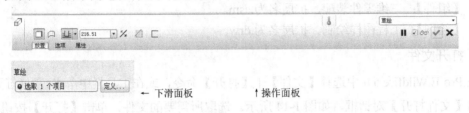

　　　　　　　　　　　　← 下滑面板　　　　　　　↑操作面板

图1-10　操作面板

1.3.7　状态栏

在导航器上方有一个状态栏，在操作过程中，相关信息会显示在此区域，如"特征创建步骤的提示"、"警告信息"、"错误信息"、"结果"等信息，如图1-11所示。

图1-11　信息提示区

任务 1.4　Pro/E Wildfire 5.0 的文件操作

Pro/E Wildfire 5.0 的文件操作命令都集中在【文件】下拉菜单中，其中典型的文件操作有新建文件、打开文件和保存文件三种。

1.4.1　新建文件

单击【文件】|【新建】命令，如图1-12所示。或在工具栏中单击▯（新建）按钮，弹出【新建】对话框，如图1-13所示。

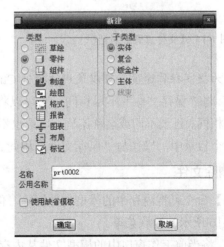

图1-12　【文件】菜单图　　　　　　　图1-13　【新建】对话框

温馨提示：为提高操作速度，可以使用快捷键 Ctrl+N 打开【新建】对话框。根据需要，可以单击不同的按钮，建立相应的文件。典型的文件格式如下：

- 【草绘】：二维截面绘制，扩展名为.sec。
- 【零件】：三维零件设计，扩展名为.prt。
- 【组件】：三维零件装配，扩展名为.asm。
- 【绘图】：工程图样绘制，扩展名为.drw。

1.4.2　打开文件

在 Pro/E Wildfire 5.0 中选择【文件】｜【打开】命令，或在工具栏中单击 （打开）按钮弹出【文件打开】对话框，如图 1-14 所示。选取所需要的文件，单击【打开】按钮。

温馨提示：为提高操作速度，可以使用快捷键 Ctrl+O 打开【文件打开】对话框。

1.4.3　保存文件

在 Pro/E Wildfire 5.0 中选择【文件】｜【保存】命令，或在工具栏中单击 （保存）按钮弹出【保存对象】对话框，如图 1-15 所示。单击【确定】按钮保存文件，单击【取消】按钮则放弃本次操作。

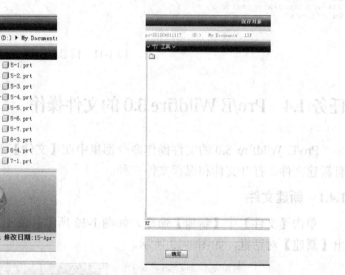

图 1-14　【文件打开】对话框　　　　　　　　图 1-15　【保存对象】对话框

温馨提示：为提高操作速度，可以使用快捷键 Ctrl+S 打开【保存对象】对话框。

"保存副本"与"保存文件"不尽相同，它可以将文件保存在另一个新的名称下，或将文件保存在名称相同、目录不同或名称不同、目录也不同的文件中。"备份文件"可以将文件序列保存在另一个目录中，操作与"保存文件"相同。

1.4.4　拭除与删除文件

使用【拭除】命令可将内存中的模型文件清除，但并不清除硬盘中的源文件。单击该命令会弹出如图 1-16 所示的级联菜单。

- 【当前】：将当前工作窗口中的模型文件从内存进程中清除。

- 【不显示】：将没显示在工作窗口但存在于内存进程中的所有模型文件从内存中清除。

使用【删除】命令即真实、客观地删除硬盘中当前模型的所有版本信息，或者删除当前模型的所有旧版本，只保留最新版本。单击该命令会弹出如图 1-17 所示的级联菜单。

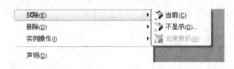

图 1-16　【拭除】级联菜单　　　　　　　　　　图 1-17　【删除】级联菜单

1.4.5　工作目录

在 Pro/E Wildfire 5.0 中设置工作目录，有助于管理大量的文件，以简化文件的保存、查找等工作。通常属于同一项目的模型文件，可以放置同一个工作目录下。要为当前的 Pro/E Wildfire 5.0 进程选取不同的工作目录，设置方法可以使用以下几种。

（1）启动图标设置工作目录

选取桌面 Pro/E Wildfire 5.0 的图标，右击鼠标弹出快捷菜单，选择【属性】命令，弹出【属性】对话框，切换到【快捷方式】，如图 1-18 所示。在该对话框中将【起始位置】设置为工作目录的路径，单击【确定】即可完成。设置完成后重新启动 Pro/E Wildfire 5.0，将把新设置的起始位置作为工作目录。

（2）通过文件菜单设置工作目录

单击【文件】｜【设置工作目录】，弹出【选取工作目录】对话框，如图 1-19 所示，选取所需的目录名称，单击【确定】即可完成当前工作目录的设定。

（3）通过文件导航器设置工作目录

单击模型树上方的 （文件夹浏览器），在文件夹导航器中选取作为工作目录的目录，然后单击右键，在弹出的快捷菜单中选择设置工作目录，确认工作目录更改完毕。

图 1-18　Pro/E 5.0 属性对话框　　　　　　　图 1-19　【选取工作目录】对话框

任务 1.5　视图操作基础

模型视图基础主要包括常用的视图控制工具及命令、模型显示、鼠标对模型视图的调整操作等。使用【视图】菜单,可以调整模型视图、定向视图、隐藏和显示图元、创建和使用高级视图,以及设置多种模型显示选项,如图1-20所示。

单击【系统】工具栏的  【视角】按钮,弹出如图1-21所示的"视图"对话框。

图1-20 【视图】菜单   图1-21 视图列表

该列表对话框共有8种视图,即标准方向、缺省方向、BACK、BOTTOM、FRONT、LEFT、RIGHT、TOP。用户利用视角可以非常方便地查看模型,如图1-22所示。

模型经过缩放、旋转、移动至适当视角后,可进行保存方便以后使用。

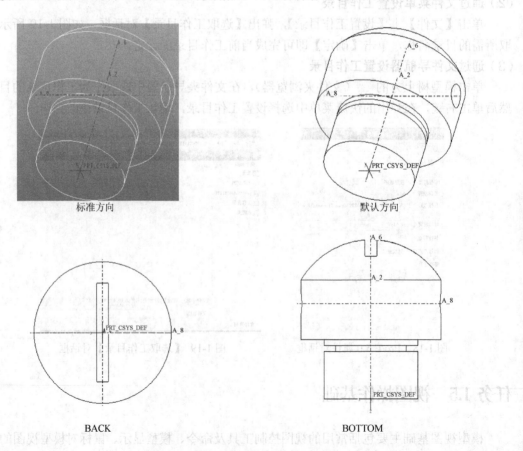

标准方向   默认方向

BACK   BOTTOM

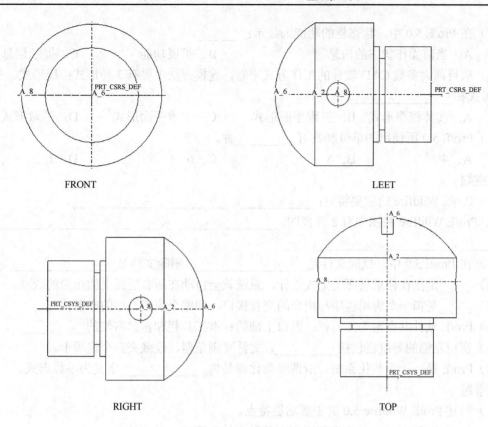

图 1-22　8 种视图

项目知识点

本项目主要介绍 Pro/Engineer Wildfire 5.0 的基础知识，包括它的使用特征、操作界面、文件管理以及基础模型视图等。通过本项目的学习，使读者能够对 Pro/Engineer Wildfire 5.0 的基本知识有一定的了解，为日后的建模设计打下良好的基础。

实践与练习

1. 选择题

1）系统默认使用缺省模板新建文件时，模型尺寸单位为_____。

　　A．英制　　　B．毫米　　　　　　C．英寸　　　　　　D．公制

2）使用快捷键来观察模型时，利用_____+按住鼠标中键，可以在绘图区平面内移动模型，模型的方向不改变。

　　A．Ctrl　　　B．Shift　　　　　　C．Tab　　　　　　D．Alt

3）模型的显示方式主要有四种，分别是线框、隐藏线、_____和着色四种。

　　A．二维　　　B．拭除直线　　　　C．消隐　　　　　　D．三维实体

4）在 Pro/E 5.0 中，状态栏的功能为显示：_____。

    A．当前操作状态的信息　　　　　　　B．扩展功能　　　　　C．提示信息

5）从目前大多数 CAD 软件的工作方式来看，建模方法主要有 3 种形式：线形式、三维曲面形式和_____。

    A．实体模型形式　　B．三维平面形式　　　C．二维平面形式　　　　D．隐藏形式

6）Pro/E 5.0 所使用的单位制共有_____种。

    A．4　　　　　　　　B．5　　　　　　　　C．6　　　　　　　　D．7

2．填空题

1）Pro/E Wildfire 的主要特点：_____、_____、_____。

2）Pro/E Wildfire 视图中有 8 种视图：_____、_____、_____、_____、_____、_____、_____、_____。

3）在 Pro/E 5.0 中，拭除文件是_____；删除文件是_____。

4）_____是指在任意层面上更改设计，系统就会自动在所有层面上做相应的改动。

5）_____是指一个应用程序与用户的交互接口，即整个应用程序的布置情况。

6）Pro/E 软件共有两个工具栏：窗口上部的标准工具栏和窗口右侧的_____。

7）窗口左侧的导航栏包括_____、文件夹浏览器、收藏夹三个选项卡。

8）Pro/E 是一个参数化系统。所谓参数化就是将_____定义为参数形式。

3．简答题

1）简述 Pro/E Wildfire 5.0 的主要功能特点。

2）Pro/E Wildfire 5.0 的文件打开有哪几种方法？简述一种方法。

3）在 Pro/E Wildfire 5.0 中拭除文件与删除文件有何区别？

4）在 Pro/E Wildfire 5.0 中，如何使用三键鼠标来对模型进行缩放、旋转、平移等实时操作？

4．操作题

1）新建零件：包括设置个人工作目录，新建零件，设置公制度量单位。

2）零件保存：保存当前零件，另存为新零件，对零件重命名。

3）熟练鼠标操作，切换显示方式，按不同方向视图显示模型。

4）对特征进行编辑、定义、隐藏和恢复。

5）定制界面。

6）显示设置。

项目二 草绘基础

【项目导读】

Pro/E 5.0 软件以 3D 绘图为基础，3D 模型主要元素为"特征"，而建立"特征"必须以 2D 绘图为基础,即实体特征是二维截面的三维化。通过对二维截面执行拉伸、旋转、扫描以及混合等操作，可以创建出不同的实体模型。因此，2D 绘图具有极其重要的作用，是创建所有实体模型的基础。工程图的建立和装配设计也是以 2D 绘图为基础。本项目将介绍草绘模块下 2D 几何图的绘制。

【任务提示】

- 2D 几何图的绘制
- 2D 几何图的编辑
- 2D 几何图的标注与约束
- 实践与练习

草绘是创建实体模型中的一个重要阶段，在 Pro/E 5.0 中所有的草图必须在草绘环境中完成。在草绘环境中可以创建特征的截面草图、轨迹线、草绘的基准曲线等。在 Pro/E 中通常有 3 种方式可以进入草绘环境。

① 直接新建草图；

② 零件模式下创建草图；

③ 特征生成过程中创建草图。（最为常用）

任务 2.1　绘制螺母剖面图

2.1.1　设计分析

螺母是机械零件中最常见的螺纹连接零件之一。在本任务中绘制普通外六角螺母剖面。普通外六角螺母一般都与普通外六角螺栓配合使用，应用广泛且紧固力比较大。

根据图 2-1 的螺母剖面图分析，先绘制中心线，然后绘制 1/4 的螺母剖面图，再利用镜像工具完成整个剖面图，最后通过标注和修改尺寸，得到最终结果。

2.1.2　新建文件

【步骤 01】单击计算机桌面上的 ⊞ 【Pro/E Wildfire 5.0】快捷图标，此时系统会弹出如图 2-2 所示的空白操作界面。

【步骤 02】单击【系统】工具栏中的 ⬚ 【创建新对象】按钮，系统会弹出如图 2-3 所示的"新建"对话框。输入类型为"草绘"，名称为 2-1，点击【确定】按钮。

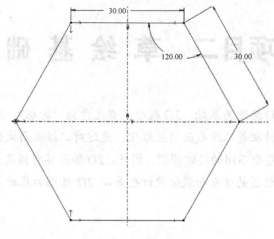

图 2-1　螺母草图

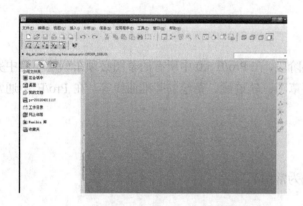

图 2-2　启动【Pro/E Wildfire 5.0】软件界面

图 2-3　"新建"对话框

2.1.3　绘制剖面

【步骤 01】单击【草绘器工具】|【直线】中的【中心线】按钮 ，在草绘界面绘制两条正交的中心线，如图 2-4 所示。

【步骤 02】单击 【直线】按钮，绘制 1/4 的螺母剖面图，如图 2-5 所示。

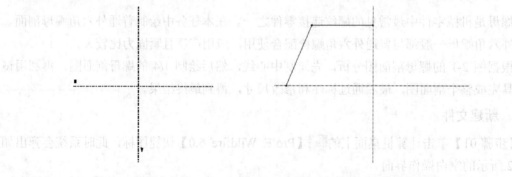

图 2-4　绘制中心线　　　　　　　图 2-5　绘制 1/4 的螺母剖面

【步骤 03】选择上一步绘制的 1/4 的螺母剖面图，单击【草绘器工具】中的 ![镜像] 【镜像】按钮，选择水平中心线为对称轴，此时将 1/4 的螺母剖面对称拷贝到下面。用同样方法将竖直中心线左边图形对称拷贝到右面，最终结果如图 2-6 所示。

2.1.4　尺寸编辑

【步骤 01】标注尺寸：是将弱尺寸变成强尺寸。单击【草绘器工具】中的 ![创建定义尺寸] 【创建定义尺寸】按钮，分别标注六边形的两条边长以及相邻两边之间的角度，如图 2-7 所示。

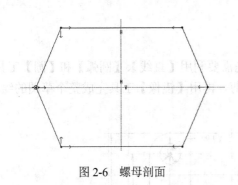

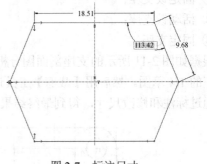

图 2-6　螺母剖面　　　　　　　　　　　图 2-7　标注尺寸

【步骤 02】编辑尺寸：选择全部尺寸，单击【草绘器工具】中的 ![修改] 【修改】按钮，系统弹出如图 2-8 所示的"修改尺寸"对话框，依次修改得到最终图形如图 2-9 所示。

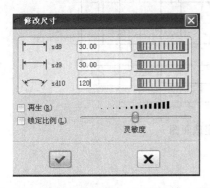

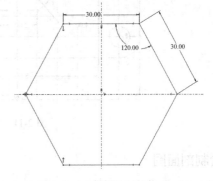

图 2-8　"编辑尺寸"对话框　　　　　　图 2-9　完成尺寸编辑的剖面图

2.1.5　保存文件

【步骤】单击【系统】工具栏中的 ![保存] 【保存】按钮，弹出如图 2-10 所示的"保存对象"对话框。选择保存的目录，单击【确定】按钮。

图 2-10　"保存对象"对话框

温馨提示：使用调色板方法更是方便（已知边长、对角距、对边距等）……

任务 2.2　绘制支座剖面图

2.2.1　设计分析

普通支座是指支撑工程结构和传力的装置，受力性质一般分为：

① 固定铰支座；

② 活动铰支座；

③ 固定支座。

根据如图 2-11 所示的支座剖面图分析，首先需要利用【直线】、【圆弧】和【圆】工具绘制支座的 1/4 草图。然后用【裁剪】工具进行修剪，再用【镜像】工具完成整个草图的绘制，最后通过标注和修改尺寸，得到最终结果。

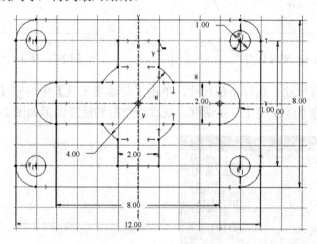

图 2-11　支座截面图

2.2.2　绘制剖面图

【步骤 01】在草图界面绘制两条正交的中心线，然后绘制水平和竖直的两直线得到如图 2-12 所示的图形。

【步骤 02】单击【草绘器工具】中的 【圆角】按钮，选取两条直线，绘制一个圆角。单击 【圆弧】按钮，以两中心线交点为圆心绘制 1/4 个圆,如图 2-13 所示。

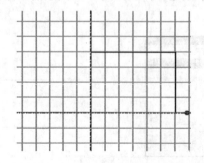

图 2-12　绘制中心线和直线

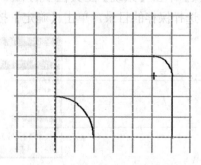

图 2-13　绘制圆角及 1/4 圆

【步骤03】绘制内侧水平和竖直的两直线、1/4 弧及圆，单击【草绘器工具】中的 ⚡【裁剪】按钮，整理得到如图 2-14 所示的图形。

【步骤04】单击 ▶【选择工具】按钮，框选所有，使用 ⑩【镜像】按钮，选择水平中心线为对称轴，此时将 1/4 的支座剖面对称拷贝到下面，如图 2-15 所示。用同样方法将竖直中心线右边图形对称拷贝到左面。

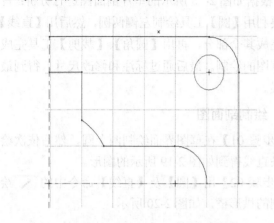

图 2-14　绘制圆弧、两正交直线　　　　　　图 2-15　镜像图形

【步骤05】单击 ↦【尺寸定义】按钮，初步标注结构所需的尺寸如图 2-16 所示。

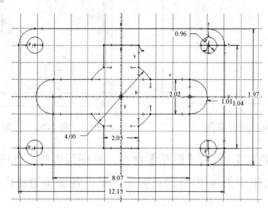

图 2-16　初步标注图形

【步骤 06】单击 ▶【选择工具】按钮，框选所有尺寸并取消勾选。单击【草绘器工具】中的 ⥽【修改】按钮，系统弹出如图 2-17 所示的"修改尺寸"对话框，依次修订完成如图。

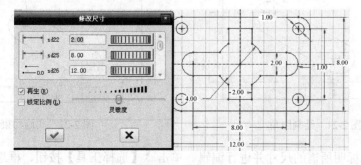

图 2-17　编辑尺寸

任务 2.3　绘制垫片剖面图

2.3.1　设计分析

普通垫片是定位工程结构和传力的装置，根据如图 2-18 所示的垫片剖面图进行分析：首

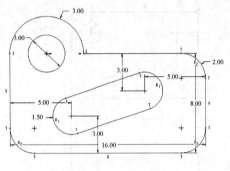

先需要利用【圆】工具绘制左侧两圆，然后用【直线】工具完成其余部分，再用【圆角】、【裁剪】工具完成整个草图的绘制。最后通过标注和修改尺寸，得到最终结果。

图 2-18　垫片草图

2.3.2　绘制剖面图

【步骤 01】在草图界面绘制两个圆，然后依次绘制 3 条直线得到如图 2-19 所示的图形。

【步骤 02】用【圆】及【直线】命令中的 绘制内侧的拱形槽，如图 2-20 所示。

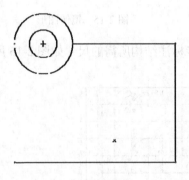

图 2-19　绘制草图

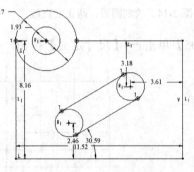

图 2-20　绘制拱形槽

【步骤 03】用 【修剪】及 【圆角】命令，将图形内腔、外围处理，如图 2-21 所示。

【步骤 04】用几何约束中的 相等约束关系，单击各圆角边使之相等，如图 2-22 所示。

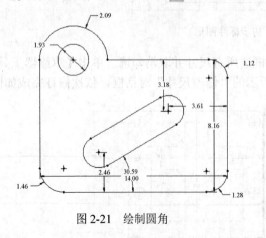

图 2-21　绘制圆角

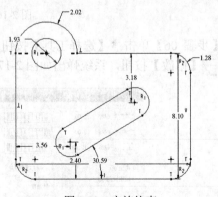

图 2-22　实施约束

【步骤 05】标明所需的尺寸并进行编辑。单击 【选择工具】按钮，框选所有尺寸点击

【草绘器工具】中的 按钮，取消勾选进行依次修订，完成如图 2-23 所示。

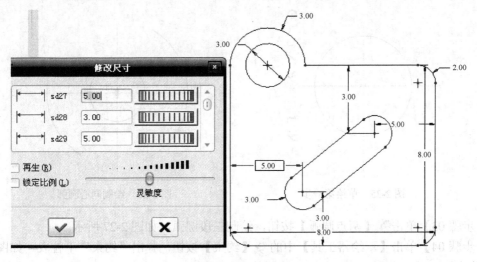

图 2-23 垫片剖面图

任务 2.4 绘制异形板剖面图

2.4.1 设计分析

异形板常见于木工行业与机械制造业，多用于船上用板、汽车制造业、货架板、装饰扣板等，具有结构多样，可变性强等特点。

根据如图 2-24 所示的异形板外形特征分析可知，主要利用【圆】与【圆弧】工具完成草图的绘制，最后对草图进行标注和修改，得到最终结果。

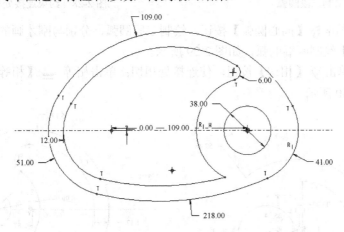

图 2-24 异形板剖面图

2.4.2 绘制草图

【步骤 01】在草图绘制界面中绘制十字中心线，单击【草绘器工具】中的 ◯【圆】按钮，在水平中心线上绘制一个圆，得到如图 2-25 所示的图形。

【步骤 02】单击【草绘器工具】中的 ⌒【圆弧】按钮右边的箭头，单击 【同心圆弧】

按钮，以刚刚绘制的圆为基准，绘制两段半径相等的同心圆弧，如图 2-26 所示。

图 2-25　草绘第一步

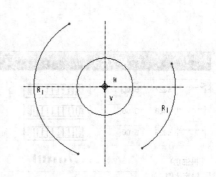

图 2-26　绘制同心圆弧

【步骤 03】单击 ⌒【两点圆弧】按钮，绘制三段圆弧，如图 2-27 所示。

【步骤 04】单击【草绘器工具】中的 ☌【约束】按钮，弹出"约束"下拉表，如图 2-28 所示。选择 ☌【相切】按钮，使相互连接的各段圆弧相切。

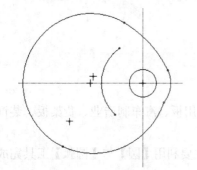

图 2-27　绘制三段圆弧

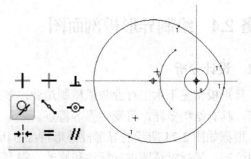

图 2-28　约束连接处相切

【步骤 05】单击 ⋙【同心圆弧】按钮，绘制三段圆弧，分别与刚才画的三段弧同心，并用 ⌒【两点圆弧】绘制两端的弧，如图 2-29 所示。

【步骤 06】单击 ☌【相切】按钮，使连接处相切；单击相等 ═【相等】按钮，使两圆弧相等，如图 2-30 所示。

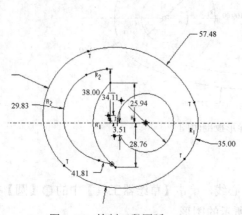

图 2-29　绘制三段圆弧

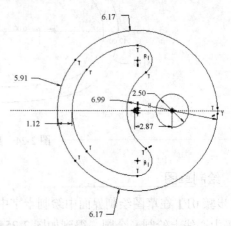

图 2-30　约束连接处相切

2.4.3 标注和修改尺寸

【步骤 01】单击 ⊢ 【尺寸定义】按钮，标注结构所需的各部分尺寸，如图 2-31 所示。

【步骤 02】单击 ▶ 【选择工具】按钮，框选所有尺寸单击【草绘器工具】中的 ⧉ 按钮，取消勾选进行依次修订，如图 2-32 所示。最终完成异形板剖面，如图 2-33 所示。

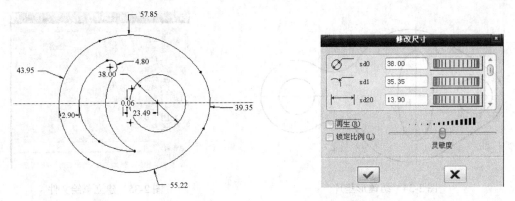

图 2-31 标注草图 图 2-32 修改草图尺寸

温馨提示：在修改尺寸时若使用再生按钮，则编辑过程中随时发生几何变形、走样等。

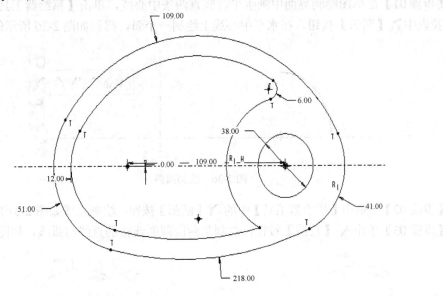

图 2-33 异形板剖面图

任务 2.5 绘制纺锤形垫片

2.5.1 设计分析

纺锤形垫片，根据如图 2-34 所示的外形特征分析可知，纺锤形垫片具有对称特征。首先利用【圆弧】与【直线】及"相切约束""定义尺寸"等工具完成半个草图的绘制，最后对草图进行标注和修改并镜像拷贝草图，得到最终结果。

2.5.2　新建文件

【步骤01】单击计算机桌面上的 ▣【Pro/E Wildfire 5.0】快捷图标，弹出空白操作界面。

【步骤02】单击菜单栏中【文件】｜【新建】命令，系统将弹出【新建】对话框，如图 2-35 所示。选择类型【草绘】，将文件名改为 "2-5"，单击【确定】按钮。

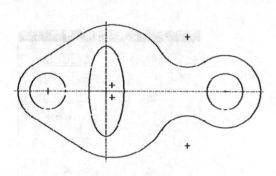

图 2-34　纺锤形垫片

图 2-35　建立草绘文件

2.5.3　绘制草图

【步骤01】在草图绘制界面中画水平、竖直两条中心线，单击【草绘器工具】中的 ╲ 按钮下拉表中 ⌒【圆弧】按钮，在水平中心线上绘制一个弧，得到如图 2-36 所示的图形。

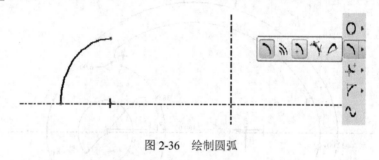

图 2-36　绘制圆弧

【步骤02】再单击【草绘器工具】中的 ⌒【圆弧】按钮，绘制完成如图 2-37 所示三段弧。

【步骤03】单击 ╲【直线】按钮，绘制与两段圆弧连接的直线与弧线，如图 2-38 所示。

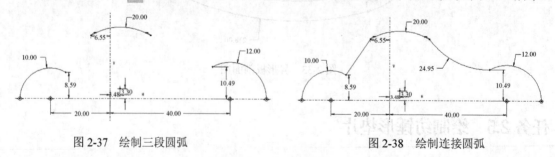

图 2-37　绘制三段圆弧　　　　　　　　　图 2-38　绘制连接圆弧

【步骤04】单击【草绘器工具】中的【约束】按钮，弹出 "约束" 下拉表，单击 ♀【相切】约束按钮，使相互连接的各段要素相切。

【步骤05】单击 ▶【选择工具】按钮，框选所有尺寸点击【草绘器工具】中的 ⧧ 按钮。并取消勾选关闭再生按钮，进行依次修订如图 2-39 所示，重新定义草图。

【步骤 06】拾取草图，单击草绘工具栏中的 ⋈【镜像】按钮，拾取水平中心线，完成镜像如图 2-41 所示。

温馨提示：镜像操作中先选中图元，再单击 ⋈ 按钮，然后选择镜像对称中心线即可。

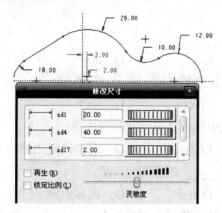

图 2-39　重新定义尺寸

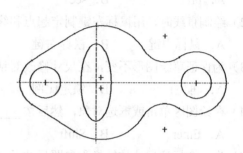

图 2-40　纺锤形草图

【步骤 07】单击【草绘器工具】中的 ○【圆】按钮，在两端中心点上绘制φ12 的圆。

【步骤 08】单击【草绘器工具】中的 ⊘【椭圆】按钮，定义椭圆长半轴为 15，短半轴为 6 得到如图 2-40 所示的纺锤形截面图。

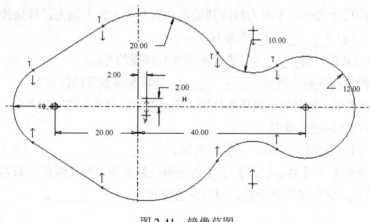

图 2-41　镜像草图

2.5.4　保存文件

单击【系统】工具栏中的 🖫【保存】按钮，弹出"保存对象"对话框。选择保存的目录，单击【确定】按钮。

项目知识点

本项目通过对螺母剖面图、支座剖面图、垫片剖面图、异形板剖面图、纺锤形剖面图的绘制，介绍了 Pro/E Wildfire 5.0 中基本图元的绘制（包括直线、圆、圆弧、样条曲线等）与编辑（包括镜像、约束、裁剪等）及尺寸的标注与编辑等，使学者能够熟练掌握二维草图命令的应用，在 Pro/E Wildfire 5.0 中熟练绘制草图。

实践与练习

1. 选择题

1）Pro/E 的草绘文件扩展后缀名是：_____

　　A. prt　　　　　　B. sec　　　　　　C. asm　　　　　　D. drw

2）绘制直线时，用鼠标左键制定起点和终点，然后单击_____结束该命令。

　　A. 鼠标中键　　　B. 鼠标右键　　　C. Enter　　　　　D. Shift

3）为保证草绘图形不变，在尺寸修改对话框中修改几何尺寸时应选择：_____

　　A. 再生　　　　　B. 锁定比例　　　C. 取消再生　　　D. 取消锁定比例

4）在绘图区单击或框选对象，然后按_____删除图元对象。

　　A. Enter　　　　　B. Shift　　　　　C. Delete　　　　D. 鼠标中键

5）当一个标注尺寸被转换为参照尺寸后，在其右侧将会产生一个_____标志。

　　A. R　　　　　　B. L　　　　　　C. ~　　　　　　D. REF

2. 填空题

1）直线与中心线的区别：_____有具体的长度，能标注尺寸，其端点也可以被捕捉到；而_____则没有长度限制，可用作旋转特征的旋转轴使用。

2）锁定后的尺寸大小，不因为修改其他尺寸而变化，也不因为鼠标拖拽而变化，其尺寸数值的标签会显示"_____"字样。

3）在 Pro/E 5.0 中，有_____种进入草图绘制环境的方法。

4）草图编辑包括分割、修剪、_____、旋转和缩放等操作命令。

5）截面草绘是 Pro/E 中的一项基本技巧。定义的截面分为两类：一类是_____，另一类是在草图模块下创建的截面。

6）草图尺寸包括加强、参照、周长、坐标、_____ 5 种尺寸类型。

7）选择【视图】|【显示设置】|【系统颜色】选项，在【颜色编辑器】对话框中有三种颜色编辑方式，它们是颜色轮盘、混合调色板和_____。

3. 操作题

完成草图练习：

1）

2）

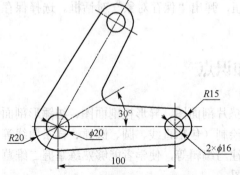

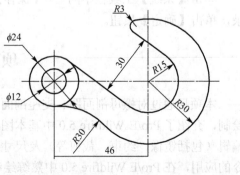

3）

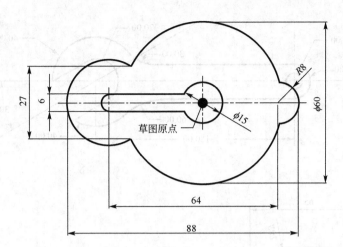

草图原点

4）

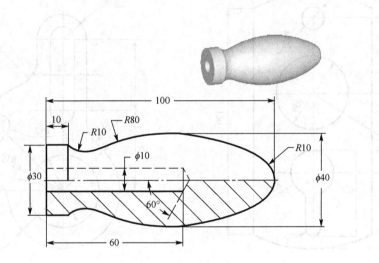

5）

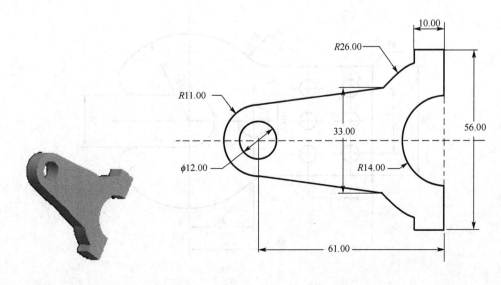

6）

7） 8）

9）

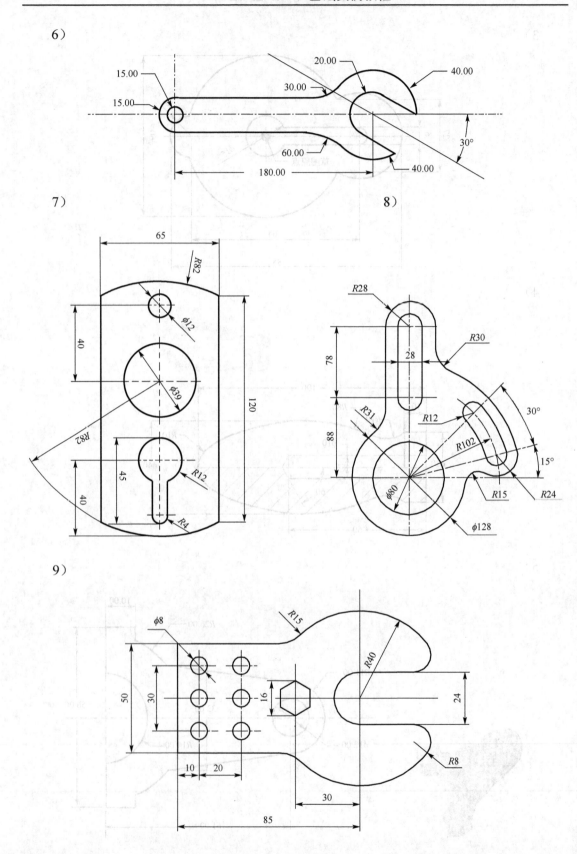

10）

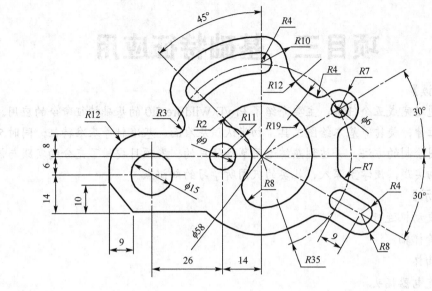

11）

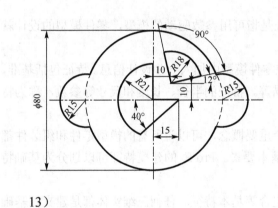

12）

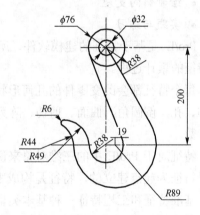

13）

14）

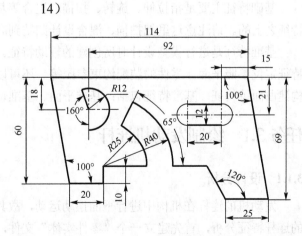

项目三　基础特征应用

【项目导读】

本项目通过完成五个任务，主要介绍了 Pro/E Wildfire 5.0 的基础特征命令的应用。使读者能够掌握拉伸、旋转等基本绘图工具，初步认识基准面、基准轴等基准特征；同时又进一步消化了草图绘制的方法，并达到熟练运用草绘的目的。本项目安排了充分的实践与训练，旨在通过透彻实践，使学生深入、扎实的巩固所学习的知识点。

【任务提示】

- 绘制发动机连杆
- 绘制阶梯轴
- 绘制油杯
- 绘制充电器插头
- 绘制斜向支座
- 实践与练习

Pro/E 是基于特征的建模软件，所谓特征是指可用参数驱动的模型，零件模型的设计就是特征的累计过程。

每个特征都会改变零件的几何形状，并在零件模型中加入一些设计信息。特征包括基准、拉伸、孔、倒圆角、曲面、剪切、阵列和扫描等。特征的半径、长度和尺寸等参数，称为特征参数。

特征对于 Pro/E 中的三维对象来说是一个重要概念，可以说所有的模型零件和组装件都是以特征为起点建立的，特征是构成零件的基本要素。Pro/E 的建模特征可以划分为基础特征、基准特征和工程特征三种基本类型。

基础特征主要是指拉伸、旋转、扫描、混合等基本特征。任何三维实体都是建立在基础特征之上的。请注意这里把扫描、混合设计归结到高级特征应用项目中。

基准特征是进行模型设计时所创建的辅助特征。可以用作创建实体特征时的草绘平面、特征定位参照平面、零件的装配约束参照等。还可以用基准点来构建基准曲线，用基准曲线构建曲面等特征。基准特征包括：基准平面、基准轴、基准点以及基准曲线等。

任务 3.1　绘制发动机连杆

3.1.1　设计分析

发动机的连杆在机构中进行平面摆动运动，故其两端均有回转副连接结构。根据发动机的连杆特征分析，首先建立一个"零件实体"文件，设置好造型的环境。然后创建发动机的两端结构，再把两端大小头的连接部分设计出来，最后打孔。这样就能达到最终效果，如图3-1 所示。

图 3-1　发动机连杆

3.1.2　新建文件

【步骤 01】单击计算机桌面上的 ![]【Pro/E Wildfire 5.0】快捷图标，此时系统会弹出如图 3-2 所示的空白操作界面。

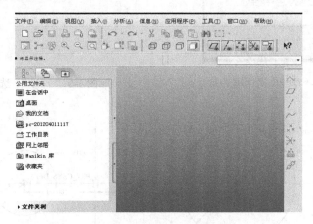

图 3-2　空白操作界面

【步骤 02】单击菜单栏中【文件】|【新建】命令，系统将弹出【新建】对话框，如图 3-3 所示。将文件名改为"3-1"，取消【使用缺省模板】，单击【确定】按钮。点选【mmns_part_solid】公制模板文件，单击【确定】按钮，如图 3-4 所示。

图 3-3　新建文件　　　　　　　　　　图 3-4　公制单位选项

3.1.3 绘制连杆的两端结构

【步骤 01】单击【基础特征】工具栏中的 🗗【拉伸工具】按钮，弹出"拉伸"操控板。单击【基准】工具栏中的 ▨【草绘工具】按钮，弹出"草绘"对话框，如图 3-5 所示。

【步骤 02】在"草绘"对话框中选择 TOP 面为草绘平面，其它设置系统默认，单击【草绘】按钮，进入草图绘制模式。绘制如图 3-7 所示的草图，单击草图右边的 ✔ 按钮，再单击右上角的 ▶ 按钮，退出草图绘制模式。

图 3-5 "草绘"对话框

图 3-6 "深度"选项

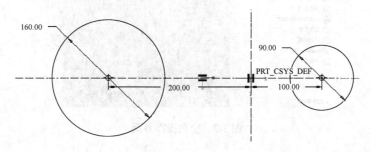

图 3-7 绘制草图

【步骤 03】单击【拉伸】操控板中【选项】按钮，弹出"选项"下滑面板。如图 3-6 所示，在"深度"选项中将"第 1 侧"设置为"对称"，数值改为"50"。单击图形窗口右上方的 ✔ 按钮，生成拉伸特征，如图 3-8 所示。

3.1.4 绘制中间的连接板

【步骤 01】单击【基础特征】工具栏中的 🗗【拉伸工具】按钮，弹出"拉伸"操控板。单击【基准】工具栏中的 ▨【草绘工具】按钮，弹出"草绘"对话框。

【步骤 02】在"草绘"对话框中选择 TOP 面为草绘平面，其它设置系统默认，单击【草绘】按钮，进入草图绘制模式。绘制完成如图 3-9 所示的草图。单击草图右边的 ✔ 按钮，再单击右上角的 ▶ 按钮，退出草图绘制模式。

【步骤 03】单击【拉伸】操控板中【选项】按钮，弹出"选项"下滑面板。在"深度"选项中将"第 1 侧"设置为"对称"，数值改为"30"。单击图形窗口右上方的 ✔ 按钮，生成拉伸特征，如图 3-10 所示。

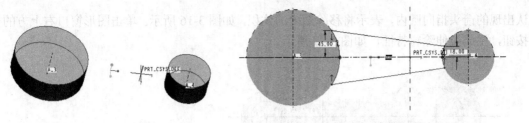

图 3-8　生成拉伸特征　　　　　　　　　图 3-9　连接板草图

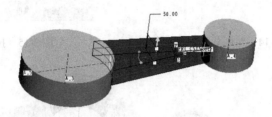

图 3-10　连接板预览特征

温馨提示: 在绘制拉伸特征截面图前,应首先在操控板中指定拉伸特征为实体或曲面。因为拉伸特征的截面图必须封闭,而曲面特征则可以是开放的。

3.1.5　打孔

【步骤01】单击【基础特征】工具栏中的 ☐ 【拉伸工具】按钮,弹出"拉伸"操控板。单击【基准】工具栏中的 ≈ 【草绘工具】按钮,弹出"草绘"对话框,如图 3-11 所示。

【步骤02】在"草绘"对话框中选择 TOP 面为草绘平面,其它设置系统默认。单击【草绘】按钮,进入草图绘制模式。点击主菜单【草绘】|【参照】选项,如图 3-12 所示,依次选取两端外圆作为参照,单击【关闭】按钮,如图 3-13 所示。

图 3-11　"草绘"对话框　　　　图 3-12　选择"参照"　　　　图 3-13　"参照"选取

【步骤03】绘制完成如图 3-14 所示的草图。单击草图右边的 ✓ 按钮,再单击右上角的 ▶ 按钮,退出草图绘制模式。

温馨提示: 绘制两侧小圆,常用"同心圆"选项,点选已存在的圆轮廓边画圆。

【步骤04】单击【拉伸】操控板中【选项】按钮,弹出"选项"下滑面板,如图 3-15 所示。将两侧的深度均设置为 ⫶ "穿透"。单击【拉伸】操控板中的 ⧸ 【移除材料】按钮,确认出现的箭头指向圆内，表示将移除圆内的体积，如图 3-16 所示。单击图形窗口右上方的 ✓ 按钮，生成拉伸除料特征，如图 3-17 所示。

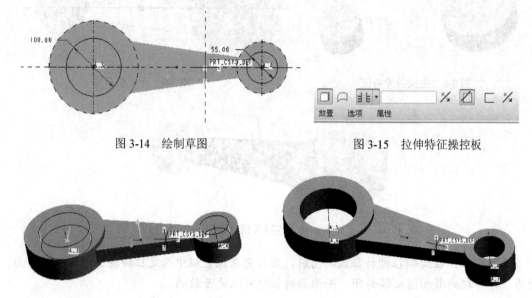

图 3-14　绘制草图　　　　　　　　　　　图 3-15　拉伸特征操控板

图 3-16　孔特征预览　　　　　　　　　图 3-17　孔特征拉伸生成

温馨提示： 在拉伸特征上创建孔，还可以用后面将要介绍到的孔工具完成。

⊥：单击下拉箭头弹出 3 个选项：即 ⊥（盲孔）、⊟（对称）和 ⊥（到选定的）。

任务 3.2　绘制阶梯轴

3.2.1　设计分析

根据阶梯轴的外形特征分析，首先设置工作目录，然后将阶梯轴建模过程分为：绘制轴向一侧的封闭草图，通过旋转工具生成特征；通过拉伸除料工具来切割键槽生成。同时涉及构造基准平面，因此在进行切割键槽前应先创建基准平面。阶梯轴实体模型如图 3-18 所示。

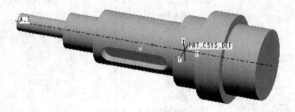

图 3-18　阶梯轴模型

3.2.2　设置工作目录

【步骤 01】单击计算机桌面上的 📺【Pro/E Wildfire 5.0】快捷图标，此时系统会弹出空白操作界面。

【步骤 02】单击菜单栏中【文件】|【设置工作目录】命令，系统将弹出【设置工作目录】对话框，设置目录名称 Lyf，如图 3-19 所示。

【步骤 03】单击菜单栏中【文件】|【新建】命令，系统将弹出【新建】对话框，如图 3-20 所示。将文件名改为"3-2"，取消【使用缺省模板】，单击【确定】按钮。点选【mmns_part_solid】公制模板文件，单击【确定】按钮。

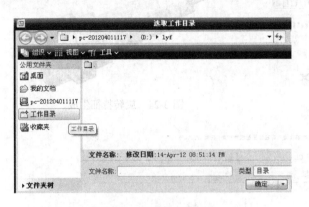

图 3-19　设置工作目录　　　　　　　　图 3-20　新建文件

3.2.3　绘制阶梯轴实体

【步骤 01】单击【基础特征】工具栏中的 ⊹【旋转工具】按钮，弹出"旋转"操控板，如图 3-21 所示。单击【基准】工具栏中的 ⬚【草绘工具】按钮，进入草图绘制模式。

图 3-21　"旋转"操控板

【步骤 02】选择 TOP 基准面为草绘平面，其它设置默认，单击【草绘】按钮，草绘完成图形。单击【草绘器】中的 ⬚【修改】按钮，如图 3-23 所示。整理绘制完成如图 3-22 所示的草图。单击草图右边的 ✓ 按钮，再单击操控板右上角的 ▶ 按钮，退出暂停模式。

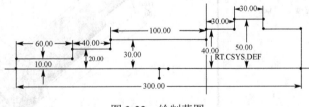

图 3-22　绘制草图

【步骤 03】选择中心线 A_1 为旋转轴，其它参数接受"旋转"操控板中的默认设置。单击 ✓ 按钮，生成旋转体，如图 3-24、图 3-25 所示。

　　温馨提示：用户按下鼠标中键也可以结束特征的定义，从而生成旋转体特征。

　　⬚：表示实体；⬚：表示旋转得到的曲面。实体与曲面只能选择一个。

3.2.4　生成基准平面

旋转特征建立后，为了在实体上切割键槽，必须创建符合设计要求的基准平面。

【步骤 01】单击【基准】工具栏中的 ⬚【基准平面】按钮，弹出"基准平面"对话框，如图 3-26 所示。

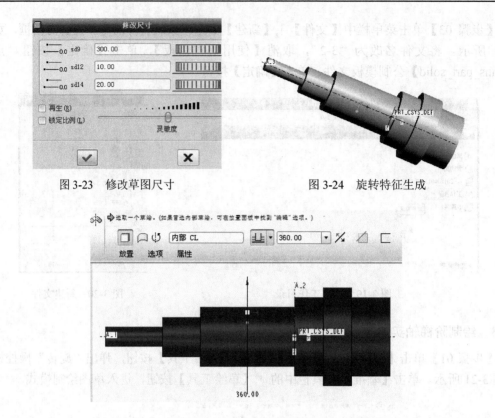

图 3-23　修改草图尺寸　　　　　　　图 3-24　旋转特征生成

图 3-25　旋转特征预览

【步骤 02】在"基准平面" 对话框中选择 FRONT 平面作为基准平面，将平移量改为 20。单击【确定】按钮，生成基准平面 DTM1，如图 3-27 所示。

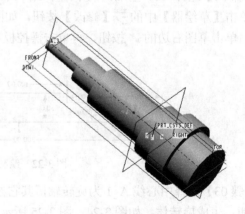

图 3-26　"基准平面"对话框　　　　　　图 3-27　生成基准平面

3.2.5　切割键槽

【步骤 01】单击【基础特征】工具栏中的 　【拉伸工具】按钮，弹出"拉伸"操控板。单击【基准】工具栏中的 　【草绘工具】按钮，弹出"草绘"对话框。

【步骤 02】在"草绘"对话框中选择刚才建立的基准平面 DTM1 作为草绘平面，其它设置系统默认，单击【草绘】按钮，进入草图绘制模式。

【步骤 03】绘制完成如图 3-28 所示的草图。单击草图右边的 ✔ 按钮，再单击右上角的 ▶ 按钮，退出暂停模式。

【步骤 04】在"拉伸"操控板中单击 ᵇᵗ 按钮，将一侧深度设置为"穿透"。单击【拉伸】操控板中的 ◿【移除材料】按钮，将其设置为移除材料。

【步骤 05】单击 ✔ 按钮，生成切割特征（键槽），如图 3-29 所示。

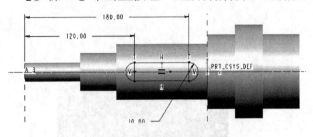

图 3-28 绘制键槽截面

图 3-29 阶梯轴特征

任务 3.3 绘制油杯

3.3.1 设计分析

本任务通过油杯设计来学习旋转工具的使用技巧。根据油杯的结构，旋转出油杯毛坯，然后切割槽和端面；再切割端面上的切口，并生成孔，最终效果如图 3-30 所示。

图 3-30 油杯模型

3.3.2 新建文件

【步骤 01】单击计算机桌面上的 🖥【Pro/E Wildfire 5.0】快捷图标，系统弹出一个空白操作界面。

【步骤 02】单击菜单栏中【文件】|【新建】命令，系统将弹出【新建】对话框，如图 3-31 所示。将文件名改为"3-3"，取消【使用缺省模板】，单击【确定】按钮。点选【mmns_part_solid】公制模板文件，单击【确定】按钮，进入如图 3-32 所示的界面。

图 3-31 "新建"对话框

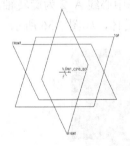

图 3-32 新建模板

3.3.3 创建油杯毛坯

【步骤 01】单击【基础特征】工具栏中的 ⊕【旋转工具】按钮，弹出"旋转"操控板。单击【基准】工具栏中的 ⚁【草绘工具】按钮，进入草图绘制模式。

【步骤 02】在"草绘"对话框中选择 TOP 面为草绘平面，其它设置系统默认，单击【草绘】按钮，绘制完成如图 3-33 所示的草图。单击草图右边的 ✓ 按钮，再单击右上角的 ▶ 按钮，退出暂停模式。

【步骤 03】选择中心线 A_2 为旋转轴，其它参数接受"旋转"操控板中的默认设置。单击 ✓ 按钮，生成旋转体，如图 3-34 所示。

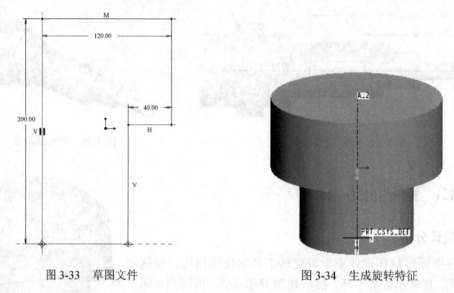

图 3-33　草图文件　　　　　　　　　　图 3-34　生成旋转特征

3.3.4　切割槽

【步骤 01】单击【基础特征】工具栏中的 ⚙【旋转工具】按钮，弹出"旋转"操控板，单击【基准】工具栏中的 ▨【草绘工具】按钮，进入草图绘制模式。

【步骤 02】在"草绘"对话框中选择 TOP 平面作为草绘平面，其它设置接受系统默认，单击【草绘】按钮，进入草图绘制模式，绘制剖面。

【步骤 03】绘制完成如图 3-35 所示的草图。单击草图右边的 ✓ 按钮，再单击右上角的 ▶ 按钮，退出草图绘制模式。

【步骤 04】选择中心线 A_2 为旋转轴，其它参数接受"旋转"操控板中的默认设置。单击 ✓ 按钮，生成旋转体，如图 3-36 所示。

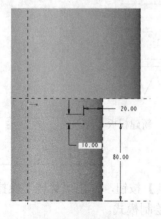
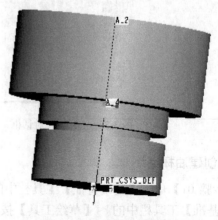

图 3-35　草图截面　　　　　　　　　　图 3-36　生成旋转特征

3.3.5　创建球形端面

【步骤 01】单击【基础特征】工具栏中的 ⬦【旋转工具】按钮，弹出"旋转"操控板，单击【基准】工具栏中的 ⬕【草绘工具】按钮，弹出"草绘"对话框。

【步骤 02】在"草绘"对话框中选择【使用先前的】按钮，其它设置接受系统默认，如图 3-37 所示。单击【草绘】按钮，进入草图绘制模式，绘制剖面图。

【步骤 03】绘制完成如图 3-38 所示的草图（R150）。单击草图右边的 ✔ 按钮，再单击右上角的 ▶ 按钮，退出草图绘制模式。

图 3-37　"草绘"对话框

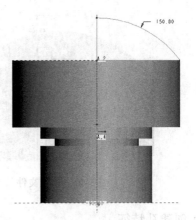

图 3-38　草图文件

【步骤 04】选择中心线 A_2 为旋转轴，确认"旋转"操控板中的旋转角度是 360°，其它默认系统设置。单击 ✔ 按钮，生成旋转体，如图 3-39 所示。

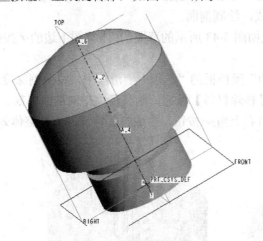

图 3-39　生成旋转特征

3.3.6　创建剪切特征

【步骤 01】单击【基础特征】工具栏中的 ⬠【拉伸工具】按钮，弹出"拉伸"操控板。单击【基准】工具栏中的 ⬕【草绘工具】按钮，弹出"草绘"对话框。

【步骤 02】在"草绘"对话框中选择【使用先前的】按钮，其它设置接受系统默认，如图 3-37 所示。单击【草绘】按钮，进入草图绘制模式，绘制剖面图。

【步骤 03】绘制完成如图 3-40 所示的草图。单击草图右边的 ✔ 按钮，再单击右上角的 ▶ 按钮，退出暂停模式。

【步骤 04】在"拉伸"操控板的"选项"上滑板中，将两侧深度均修改为"穿透"，如图 3-41 所示。单击【拉伸】操控板中的 ⬜【移除材料】按钮，确认箭头指向剖面内部。

【步骤 05】单击窗口右上角 ✔ 按钮，生成拉伸剪切特征，如图 3-42 所示。

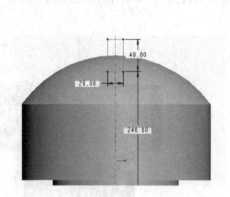

图 3-40　草图文件

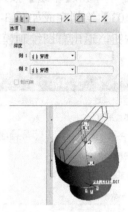

图 3-41　深度对称设置

3.3.7　创建孔特征

【步骤 01】单击【基础特征】工具栏中的 ⬚【拉伸工具】按钮，弹出"拉伸"操控板。单击【基准】工具栏中的 ⬚【草绘工具】按钮，弹出"草绘"对话框。

【步骤 02】在"草绘"对话框中选择 TOP 平面，其它设置接受系统默认，单击【草绘】按钮，进入草图绘制模式，绘制剖面。

【步骤 03】绘制完成如图 3-43 所示的草图。单击草图下边的 ✔ 按钮，再单击右上角的 ▶ 按钮，退出暂停模式。

【步骤 04】在"拉伸"操控板的"选项"上滑板中，将两侧深度均修改为"穿透"，单击【拉伸】操控板中的 ⬜【移除材料】按钮，确认箭头指向剖面内部。

【步骤 05】单击窗口右上角 ✔ 按钮，生成打孔特征，油杯整体效果如图 3-44 所示。

图 3-42　生成剪切特征

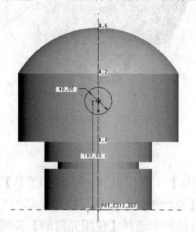

图 3-43　绘制草图

图 3-44　生成打孔特征

任务 3.4 绘制充电器插头

3.4.1 设计分析

本例介绍一个比较简单的充电器插头的制作。它由两个金属插销和塑料外壳构成，具备一定的抗电强度，实用性较强。完成效果如图 3-45 所示。

3.4.2 创建充电器外壳

【步骤 01】单击【基础特征】工具栏中的 ⬚【拉伸工具】按钮，弹出"拉伸"操控板。单击【基准】工具栏中的 ⬚【草绘工具】按钮，弹出"草绘"对话框。

【步骤 02】在"草绘"对话框中选择 TOP 平面，其它设置接受系统默认，进入草图绘制模式。绘制一个长 400、宽 200 的矩形，并设置拉伸长度为 100，如图 3-46 所示。

【步骤 03】再次单击【基础特征】工具栏中的 ⬚【拉伸工具】按钮，以长方体的窄侧面为草绘截面，绘制一个 150×50×20 的长方体草绘，如图 3-47、图 3-48 所示。

图 3-45 充电器模型

图 3-46 充电器外壳

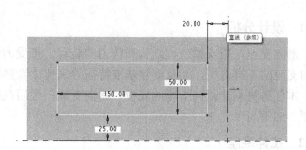

图 3-47 草绘图形

【步骤 04】以新表面为草绘截面，绘制两个 24×11 矩形，拉伸厚度 115，如图 3-49 所示。

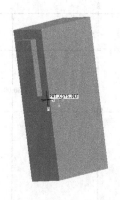

图 3-48 支座特征图

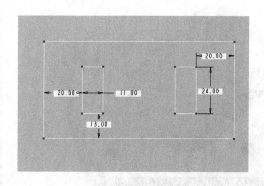

图 3-49 草绘图形

3.4.3 创建充电器的接口

【步骤 01】单击 ⬚ 【拉伸工具】按钮，以底面为草绘截面绘制矩形 89×40，单击草图右边的 ✔ 按钮完成。单击【拉伸】操作面板上的 ⬚ 【移除材料】按钮，点击 ⬚ 【切换方向】按钮确认箭头指向剖面内部，并设置拉伸长度为 121 生成线连接的接口，如图 3-50、图 3-51 所示。

【步骤 02】在充电器插头上进行美观性处理，这里对其外壳进行倒圆角编辑，特征倒圆角尺寸为 R8。效果如图 3-52 所示。

 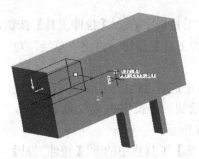 

图 3-50 充电器插头特征　　　图 3-51 充电器接口特征　　　图 3-52 充电器插头模型

任务 3.5　绘制斜向支座

3.5.1 设计分析

斜向支座是指支撑工程结构和传力的装置，接受力性能一般为固定铰支座。本任务通过斜向支座的三维造型，涉及创建基准特征等来使读者熟练掌握常用特征造型的功能。

本任务先创建斜向支座的底板、斜向支撑；最后在斜向支座和底板上打孔，其最终结果如图 3-53 所示。

3.5.2 拉伸底座

单击 ⬚ 【拉伸工具】按钮，以 TOP 面为草绘平面，绘制矩形 100×80，拉伸深度为 12，如图 3-54 所示。

 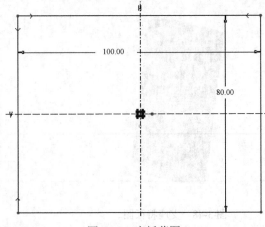

图 3-53 斜向支座模型　　　　　　　　　图 3-54 底板草图

3.5.3　生成基准平面

【步骤01】单击【基准】工具栏中的 ✐【基准轴】按钮，弹出"基准轴"对话框。

【步骤02】在"基准轴"对话框中选择 RIGHT 基准平面以及底板上表面作为参照，如图 3-55 所示。单击【确定】按钮，生成基准轴 A-1，它实际上是 RIGHT 基准平面与底板上表面的交线。如图 3-56 所示。

【步骤03】单击【基准】工具栏中的 ⬛【基准平面】按钮，弹出"基准平面"对话框。

图 3-55　设置基准轴参照

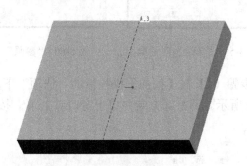

图 3-56　生成基准轴

【步骤04】在"基准平面"对话框中选择轴线 A-1 及底板上表面作为参照，角度为 20° 如图 3-57 所示。单击【确定】按钮，生成基准平面 DTM1。

【步骤05】单击 ⬛【基准平面】按钮，弹出"基准平面"对话框。选择"基准平面"对话框中的【显示】按钮，修改基准平面的方向。单击【放置】按钮，选择基准平面 DTM1，将平移距离改为 50，单击【确定】按钮，生成偏移基准平面 DTM2，如图 3-58 所示。

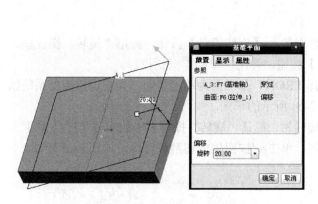

图 3-57　生成角度基准面 DTM1

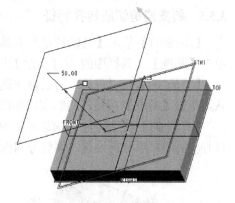

图 3-58　生成偏移基准面 DTM2

3.5.4　拉伸斜向支座

【步骤01】单击【基础特征】工具栏中的 ⬚【拉伸工具】按钮，弹出"拉伸"操控板。单击【基准】工具栏中的 ⬚【草绘工具】按钮，弹出"草绘"对话框。

【步骤02】在"草绘"对话框中选择 DTM2 平面作为草绘平面，选择 FRONT 基准平面作为参照，在"方向"下拉表中选择"底部"，如图 3-59 所示。

【步骤03】单击【草绘】按钮，弹出"参照"对话框。选择 FRONT 平面以及基准轴作为参照，如图 3-60 所示。单击【关闭】按钮，绘制草图如图 3-61 所示。

图 3-59　"草绘"对话框

图 3-60　"参照"对话框

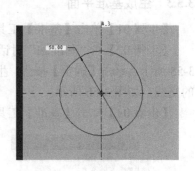

图 3-61　斜向截面图

【步骤 04】在【拉伸】操控板的"选项"下滑板中，将深度设置为 ⊟ "到下一个"，如图 3-62 所示。调整好方向并单击窗口右上角 ✔ 按钮，生成拉伸特征，如图 3-63 所示。

图 3-62　"选项"下滑板

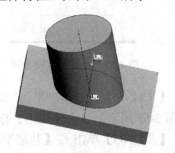

图 3-63　斜向特征生成

3.5.5　斜支座剪切旋转孔特征

【步骤 01】单击【基础特征】工具栏中的 ⟡ 【旋转工具】按钮，弹出"旋转"操控板，单击【基准】工具栏中的 ⌒ 【草绘工具】按钮，弹出"草绘"对话框。

【步骤 02】在"草绘"对话框中选择 FRONT 基准面为草绘平面，其它设置接受系统默认，单击【草绘】按钮，绘制完成如图 3-64 所示的草图。

【步骤 03】选择斜向中心线 A_2 为旋转轴，确认"旋转"操控板中的旋转角度是 360°。选择 ⟋ 按钮移除材料设置，调整方向向里，单击 ✔ 按钮生成切割旋转体，如图 3-65 所示。

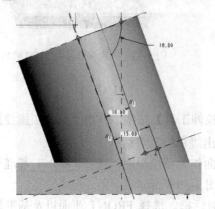

图 3-64　旋转截面图

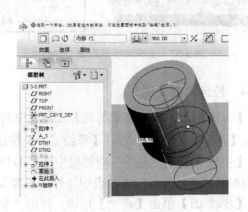

图 3-65　旋转剪切特征

3.5.6　底板上孔特征

【步骤01】单击 ⊤【孔工具】| 放置 按钮，选取底板上表面作为主参照，按照线性定位方法，按住【Ctrl】键选取底板前表面和右侧表面作为孔的次参照，偏移量均为15。

【步骤02】设置孔径为 $\phi12$，选择 ⊥ 通孔方式，如图 3-66 所示。

【步骤03】选择底板上的孔特征，单击 ⑴⑵【镜像】按钮，以 FRONT 基准平面作为镜像基准，单击 ✔ 按钮完成底板上两孔特征。

【步骤04】选择底板上的两孔特征，单击 ⑴⑵【镜像】按钮，以 RIGHT 基准平面作为镜像基准，单击 ✔ 按钮完成底板上四孔特征，如图 3-67 所示。

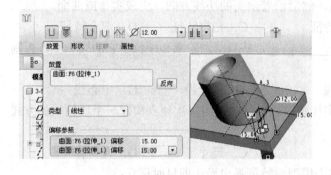 

图 3-66　线性孔次参照设置　　　　　　　图 3-67　镜像孔特征

3.5.7　创建过渡特征

【步骤】单击 ⟍【倒圆角】在底板形体上进行美观性处理，特征倒圆角尺寸为 $R10$。如图 3-68 所示，完成斜向支座模型的创建。如图 3-69 所示。

 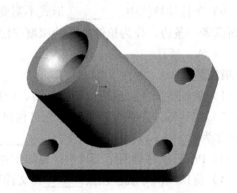

图 3-68　倒圆角特征　　　　　　　　　图 3-69　斜向支座特征

项目知识点

本项目通过绘制发动机连杆、阶梯轴、油杯、充电器插头、斜向支座等零件，主要介绍了 Pro/E Wildfire 5.0 基础特征命令的应用。使读者能够掌握拉伸、旋转、基准创建等基本绘图功能，同时进一步复习草图的绘制方法以达到熟练运用草图的目的。

实践与练习

1. 选择题

1）在 Pro/E Wildfire 5.0 零件设计中，系统默认的文件保存格式为_____。

    A．prt   B．sec   C．asm   D．drw

2）草绘截面沿着垂直于草绘平面的方向，单项或双向创建实体称为：_____

    A．旋转特征   B．扫描特征   C．拉伸特征   D．混合特征

3）_____首先绘制一个二维剖面，然后沿着剖面的法线方向，生成实体或曲面。

    A．拉伸特征   B．旋转特征   C．扫描特征   D．混合特征

4）旋转特征的草图中必须有一条_____，并且草图轮廓必须位于它的同一侧，否则将无法构成旋转特征。

    A．构建线   B．水平线   C．平行线   D．中心线

5）Pro/E 是一个基于_____的实体建模软件，它利用每次独立构建一个块模型的方式来创建整体模型。

    A．图元   B．特征   C．尺寸   D．几何体

6）只修改零件特征的尺寸值，右击模型树特征弹出操作项目时选择：_____

    A．编辑   B．编辑定义   C．编辑参限   D．编辑参照

7）Pro/E 中基于特征产品造型可以分为四个层次，分别是_____、特征、零件和产品。

    A．拉伸   B．旋转   C．草绘   D．平面几何

8）Pro/E 中，_____是最基本的实体、曲面构建方法。

    A．基础特征   B．基准特征   C．工程特征   D．编辑特征

9）在拉伸特征中，_____形式不需要指定具体的深度值，只需要在当前模型上拾取一个面或者一条边，作为拉伸特征的深度参照。

    A．盲孔   B．穿至   C．到选定的   D．到下一个

2. 填空题

1）基础特征主要包括拉伸、旋转、扫描和_____等特征。

2）实体零件中许多特征在建立过程时需要草绘图形，草绘图形时需要指定两个平面，一个作为_____平面；一个作为_____平面 。

3）Pro/E 软件有两个工具栏：窗口上部的标准工具栏和窗口右侧的_____。

4）窗口左侧导航栏包括_____、文件夹浏览器、收藏夹三个选项卡。

5）旋转工具操控板中的旋转角度默认是_____。

6）在 Pro/E 中，如果希望换名保存文件，可以执行 _____命令。

7）Pro/E 中系统默认的文件名称为 prt0001，用户_____改为自己指定的文件名称；

注意：Pro/E 系统不支持_____和空格键。

8）如果通过 mmns_part_solid 模板建立的文件，系统会自动创建 TOP、_____、RIGHT 三个默认基准面和一个基准_____；若不通过模板，则不会自动创建。

9）拭除只是将文件从内存_____中删除，对文件本身并没有影响；如果要真正从硬盘上删除该文件，则应使用_____选项。

3. 简答题

1）举例说明创建拉伸特征、旋转实体特征的一般步骤。

2）基准特征主要包括哪些特征？其显示设置如何进行？

4. 操作题

1）

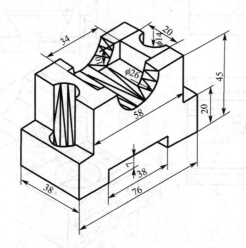

2）

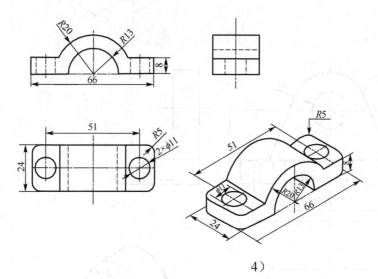

3）

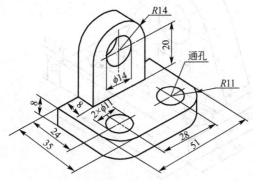

4）

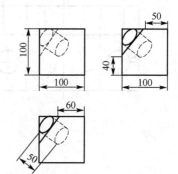

5）

6）

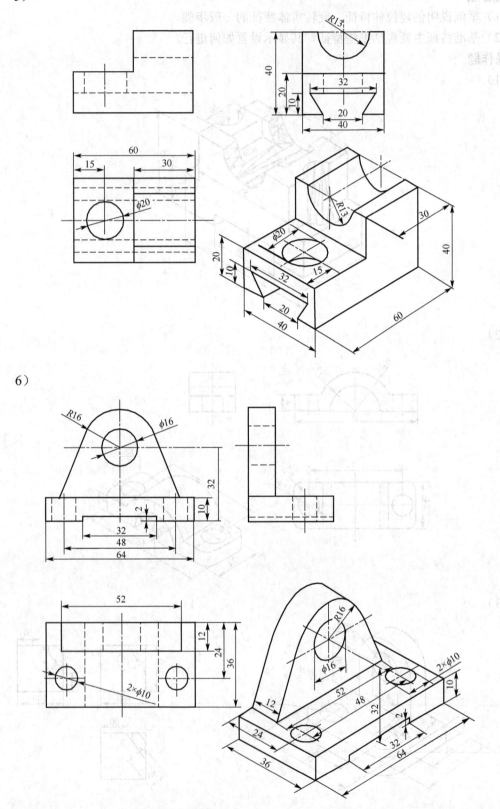

7)

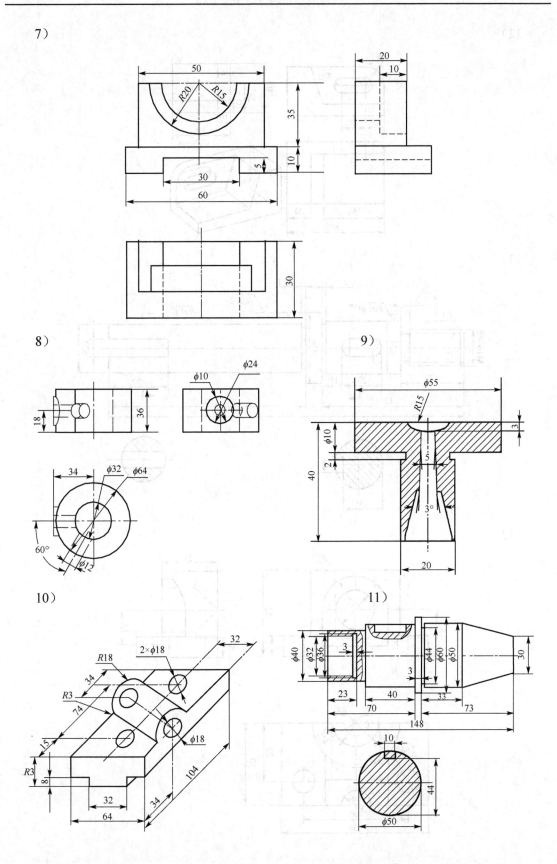

8)

9)

10)

11)

12）

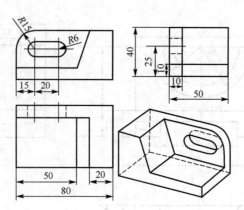

13）

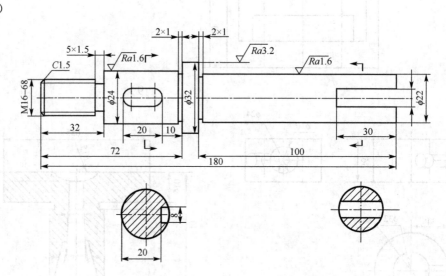

14）

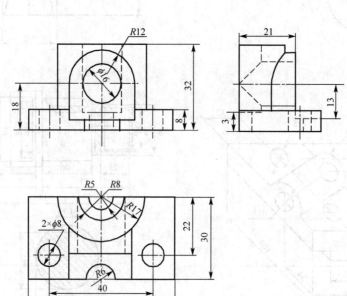

15）

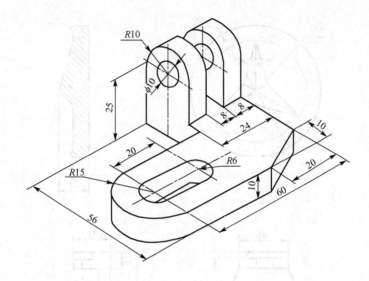

16）

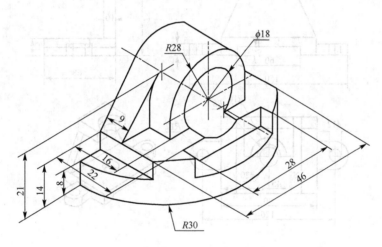

17）

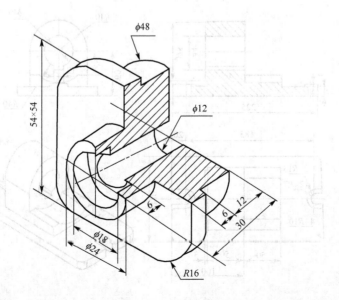

18）

19）

20）

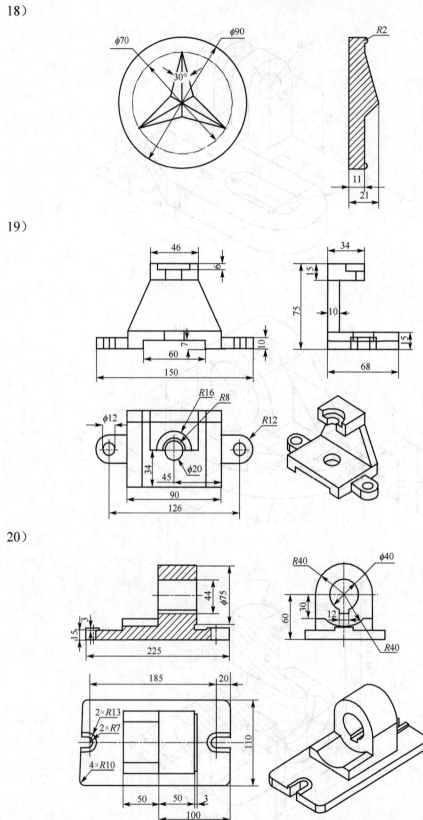

21）

22）

23）

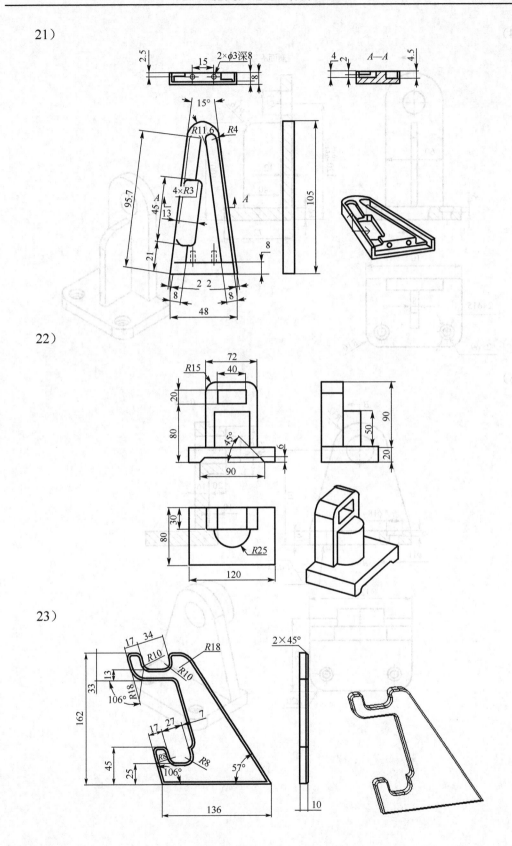

24）

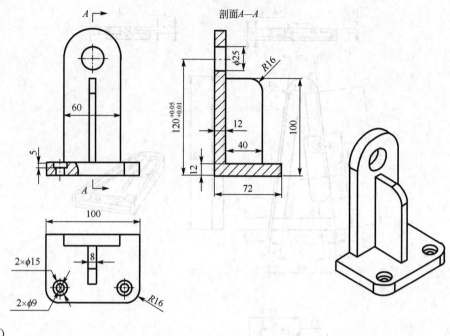

25）

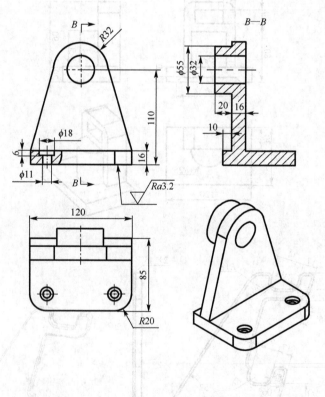

项目四　特征放置与编辑

【项目导读】

　　本项目通过滑块、支座等若干工程训练任务，着重介绍了 Pro/E Wildfire 5.0 的工程特征放置及应用。使读者能够掌握打孔、倒圆角、筋工具等基本工具的使用，同时也渐进学习有关基准创建的方法，正确运用镜像及阵列等特征编辑的技巧。本项目安排了充分的实践与训练，旨在通过透彻实践，使学生深入、扎实的巩固所学习的知识点。

【任务提示】

- 绘制滑块
- 绘制支座
- 绘制螺丝刀手柄
- 绘制螺钉
- 绘制斜齿轮
- 绘制烟灰缸
- 绘制连接架
- 实践与练习

任务 4.1　绘制滑块

4.1.1　设计分析

　　滑块是具备在滑轨上固定物体的同时带动物体运动的器械。滑块和滑轨组成导轨，其运动产生的摩擦很小，而功率损失也少，故在实际上的应用比较广泛。

　　根据滑块的结构特征分析，首先建立一个".prt"文件，设置好造型的环境。然后创建滑块的主体结构，再进行孔放置并线性阵列。这样就能达到最终效果，如图 4-1 所示。

4.1.2　新建文件

　　【步骤 01】 单击计算机桌面上的 🖳 【Pro/E Wildfire 5.0】快捷图标，此时系统会弹出如图 4-2 所示的空白操作界面。

图 4-1　滑块结构

　　【步骤 02】 单击菜单栏中【文件】|【新建】命令，系统将弹出【新建】对话框。将文件名改为 "4-1"，取消【使用缺省模板】，单击【确定】按钮。点选【mmns_part_solid】公制模板文件，单击【确定】按钮，进入零件创建的工作环境。

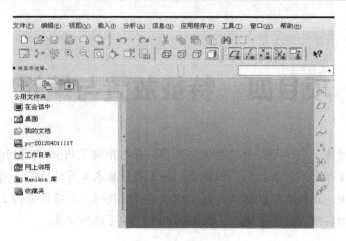

图 4-2　空白操作界面

4.1.3　创建滑块实体

【步骤 01】单击【基础特征】工具栏中的 【拉伸工具】按钮，弹出"拉伸"操控板。单击【基准】工具栏中的 【草绘工具】按钮，进入草图绘制模式。

【步骤 02】在"草绘"对话框中选择 TOP 面为草绘平面，其它设置系统默认，单击【草绘】按钮，绘制完成如图 4-3 所示的草图。单击草图右边的 ✔ 按钮，再单击右上角的 ▶ 按钮，退出暂停模式。

【步骤 03】在"拉伸"操控板中将深度设置为"24"，点击 ✔ 按钮，完成拉伸特征。

4.1.4　绘制滑块的两端

【步骤 01】单击【基础特征】工具栏中的 【拉伸工具】按钮，弹出"拉伸"操控板。单击【基准】工具栏中的 【草绘工具】按钮，进入草图绘制模式。

【步骤 02】在"草绘"对话框中选择实体顶面为草绘平面，其它设置系统默认，单击【草绘】按钮，绘制完成如图 4-4 所示的草图。单击草图右边的 ✔ 按钮，退出暂停模式。

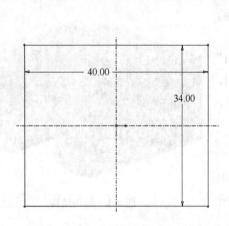

图 4-3　拉伸截面图

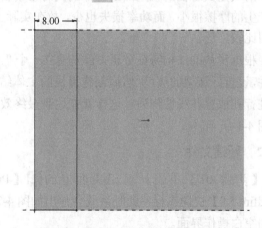

图 4-4　拉伸移除截面图

温馨提示： 进入草绘环境后，单击【草绘】｜【参照】选项，点选左侧两角点或上、下两边线来构建绘图参照。在学习中尝试此过程将乐趣无穷。

【步骤 03】在"拉伸"操控板中将深度设置为"3"，单击【移除材料】 按钮并调整方向。点击 ✔ 按钮，生成拉伸除料特征。

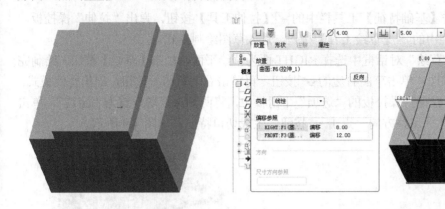

图 4-5　滑块外形　　　　　　　　　　　　　图 4-6　定义滑块孔

【步骤 04】选择除料特征，单击【编辑特征】工具栏中)|(【镜像工具】按钮，弹出"镜像"操控板。

【步骤 05】选择 RIGHT 平面作为镜像基准面，点击 ✔ 按钮完成滑块两端特征，如图 4-5 所示。

4.1.5　在滑块上放置孔

【步骤 01】单击【工程特征】工具栏中的 ⊤ 【孔特征】按钮，弹出【孔特征】操控板。

【步骤 02】在操控板的"放置"下滑板中，选择滑块上表面为放置主参照，类型定义为"线性"；（按 Ctrl 键）分别选 RIGHT、FRONT 基准面为偏移参照，修改数值分别为 8mm 和 12mm。

【步骤 03】在【孔特征】工具操控板中，将孔径改为 4mm，盲孔深度改为 5mm。

【步骤 04】使用 ∞ 特征预览观察并点击 ✔ 完成按钮，定义并生成孔特征，如图 4-6 所示。

【步骤 05】选择孔特征，单击【编辑特征】工具栏中)|(【镜像工具】按钮，弹出"镜像"操控板。选择 RIGHT 基准平面作为镜像基准面，完成一端镜像孔特征操作。

【步骤 06】选择创建的两孔特征（按 Ctrl 键），单击【编辑特征】工具栏中)|(【镜像工具】按钮，弹出"镜像"操控板。选择 FRONT 基准面作为镜像基准面，点击 ✔ 按钮完成滑块孔特征创建，如图 4-7 所示。

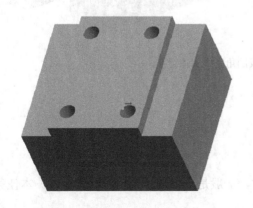

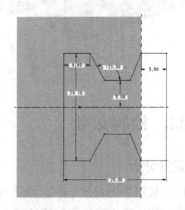

图 4-7　镜像滑块孔特征　　　　　　　　　　图 4-8　绘制切口截面图

4.1.6 生成切口

【步骤 01】单击【基础特征】工具栏中的 【拉伸工具】按钮，弹出"拉伸"操控板。单击【基准】工具栏中的 【草绘工具】按钮，进入草图绘制模式。

【步骤 02】在"草绘"对话框中选择 RIGHT 面为草绘平面，单击【草绘】按钮，绘制完成如图 4-8 所示的草图。单击草图右边的 ✔ 按钮，再单击右上角的 ▶ 按钮，退出暂停模式。

【步骤 03】在"拉伸"操控板的"选项"下滑板中，将两侧深度均设置为"穿透"，单击【移除材料】 按钮并调整方向。点击 ✔ 按钮，生成切口特征，如图 4-9 所示。

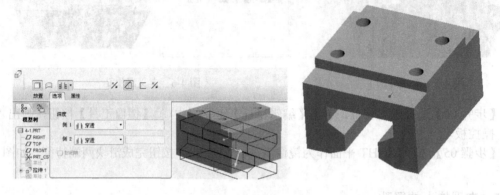

图 4-9　生成切口特征

4.1.7 生成倒角特征

【步骤 01】单击【工程特征】工具栏中的 【倒角工具】按钮，弹出【倒角】操控板。在"倒角工具"操控板上，选择标注形式"DXD"，在 D 尺寸框中输入"1"。

【步骤 02】在操控板的下滑面板中，选择滑块切口处的四条边为一组倒角，如图 4-10 所示，单击完成 ✔ 按钮，生成倒角特征并完成整体效果。

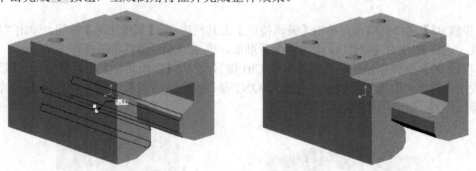

图 4-10　生成倒角完成实体特征

任务 4.2　绘制支座

4.2.1　设计分析

支座是机械中比较常见的支撑受力零件，一般是支撑轴、带轮等回转零件。本任务通过绘制支座，使读者正确运用筋特征等工具。

根据支座的结构特征分析，首先需要创建支座的主体框架底座、支撑板等，再在底座上进行沉孔和通孔放置。最后进行倒圆角、倒角，达到最终效果，如图4-11所示。

图4-11　支座结构

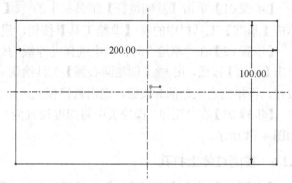

图4-12　底板草图

4.2.2　新建文件

【步骤01】单击计算机桌面上的 【Pro/E Wildfire 5.0】快捷图标，系统弹出一个界面。

【步骤02】单击菜单栏中【文件】|【新建】命令，系统将弹出【新建】对话框。将文件名改为"4-2"，取消【使用缺省模板】，单击【确定】按钮。点选【mmns_part_solid】公制模板文件，单击【确定】按钮，进入零件创建的工作环境。

4.2.3　创建底板实体

【步骤01】单击【基础特征】工具栏中的 【拉伸工具】按钮，弹出"拉伸"操控板。单击【基准】工具栏中的 【草绘工具】按钮，进入草图绘制模式。

【步骤02】在"草绘"对话框中选择TOP面为草绘平面，其它设置系统默认，单击【草绘】按钮，绘制完成如图4-12所示的草图。单击草图右边的 按钮，退出暂停模式。

【步骤03】在"拉伸"操控板中将深度设置为"30"，点击 按钮，完成拉伸特征。

4.2.4　创建垂直支撑板

【步骤01】单击【基础特征】工具栏中的 【拉伸工具】按钮，弹出"拉伸"操控板。单击【基准】工具栏中的 【草绘工具】按钮，进入草图绘制模式。

【步骤02】在"草绘"对话框中选择前端面为草绘平面，其它设置系统默认，单击【草绘】按钮，绘制完成如图4-13所示的草图。单击草图右边的 按钮，退出暂停模式。

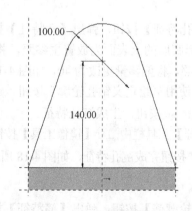

图4-13　支撑板草图

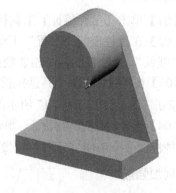

图4-14　圆柱体生成

【步骤03】在"拉伸"操控板中将深度设置为"20"，点击完成 ✔ 按钮生成支撑板特征。

4.2.5 创建圆柱体

【步骤01】单击【基础特征】工具栏中的 ⭧ 【拉伸工具】按钮，弹出"拉伸"操控板。单击【基准】工具栏中的 ▨ 【草绘工具】按钮，进入草图绘制模式。

【步骤02】在"草绘"对话框中选择支撑板的后端表面为草绘平面，其它设置系统默认。单击【草绘】按钮，用 ◉ 【创建同心圆】工具绘制完成ⲫ100 圆形的草图。单击草图右边的 ✔ 按钮，再单击右上角的 ▸ 按钮，退出暂停模式。

【步骤03】在"拉伸"操控板中将深度设置为"100"，点击完成 ✔ 按钮生成圆柱体特征，如图 4-14 所示。

4.2.6 在圆柱体上打孔

【步骤01】单击【工程特征】工具栏中的 ⫪ 【孔特征】按钮，弹出【孔特征】操控板。

【步骤02】在操控板的"放置"下滑板中，选择圆柱体的回转轴线 A_3 作为放置主参照，参照类型自动体现为"同轴"，按 Ctrl 键同时选取圆柱体的前端面作为放置参照。

【步骤03】在操控板的"形状"下滑板中，将孔径改为 60，深度选择为"穿透"。

【步骤04】使用 ⬿ 特征预览观察并点击 ✔ 完成按钮，生成孔特征，如图 4-15 所示。

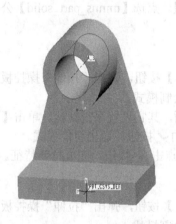

图 4-15 圆柱体生成

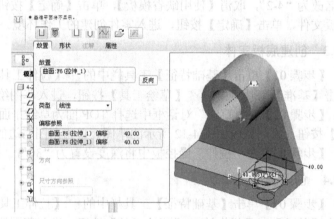

图 4-16 沉孔定位与生成

4.2.7 在底板上创建沉孔

【步骤01】单击【工程特征】工具栏中的 ⫪ 【孔特征】按钮，弹出【孔特征】操控板。

【步骤02】在操控板的"放置"下滑板中，选择底座的上表面为放置主参照，将参照类型定义为"线性"，选底板的两个相邻侧面作为次参照。将偏移量更改为 40，如图 4-16 所示。

【步骤03】在【孔特征】工具操控板中，点击"使用草绘定义钻孔轮廓"按钮 ▨ 。再激活草绘器按钮 ▨ ，绘制如图 4-17 所示的草绘，点击 ✔ 按钮，生成沉孔特征。

【步骤04】选择创建的沉孔特征，单击【编辑特征】工具栏中 ⊃⊂ 【镜像工具】按钮，弹出"镜像"操控板。选择 RIGHT 面作为镜像面，点击 ✔ 按钮完成沉孔特征，如图 4-18 所示。

4.2.8 绘制加强筋

【步骤01】单击【工程特征】工具栏中的 ◺ 【轮廓筋】按钮，弹出【筋特征】操控板。

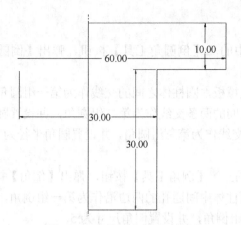

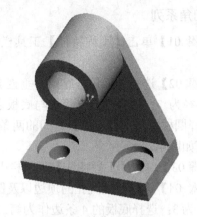

图 4-17　草绘沉孔轮廓　　　　　　　　　　　图 4-18　镜像沉孔特征

【步骤 02】单击【基准】工具栏中的 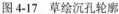【草绘工具】按钮，选择 RIGHT 基准面为草绘参照平面；定义 TOP 基准面为草绘放置参照，方向为"顶"进入草图绘制模式。

【步骤 03】点选主菜单中【草绘】|【参照】按钮，设置两个参照，如图 4-19 所示。点击关闭按钮，回到草绘界面，绘制完成如图 4-20 所示的草图。单击草图右边的 ✔ 按钮，再单击右上角的 ▶ 按钮，退出暂停模式。

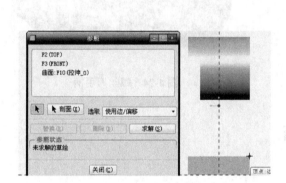

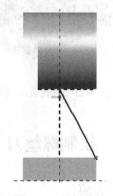

图 4-19　草绘参照设置　　　　　　　　　　图 4-20　筋板草绘

温馨提示： 参照之一为角顶点，参照之二为 $\phi100$ 圆柱体曲面最低的一条素线。

【步骤 04】在【筋特征】操控板中输入厚度"5"并调整方向向内，点击完成 ✔ 按钮生成筋板特征。完成如图 4-21 所示。

图 4-21　生成筋特征　　　　　　　　　　　图 4-22　倒圆角特征

4.2.9　切角系列

【步骤 01】单击【工程特征】工具栏中的 🗘【倒圆角工具】按钮，弹出【倒圆角】操控板。

【步骤 02】选择加强筋与底板、垂直支撑板，圆柱体之间的交线作为第一组圆角，并设置圆角半径为 3；选择垂直支撑板与底板之间的两条交线作为第二组圆角，并设置圆角半径为 6；选择圆柱体与垂直支撑板之间的两条交线作为第三组圆角，并设置圆角半径为 5，生成圆角特征如图 4-22 所示。

【步骤 03】单击【工程特征】工具栏中的 🗘【倒角工具】按钮，弹出【倒角】操控板。

【步骤 04】选择两个沉孔的顶边以及圆柱体中间通孔的两边沿作为第一组倒角，并设置倒角尺寸为 3；选择底板的 4 条边作为第二组倒角，并设置倒角尺寸为 5。

【步骤 05】如图 4-23 所示，单击完成 ✔ 按钮，完成过渡及倒角特征形成整体效果。

图 4-23　沉孔边沿倒角

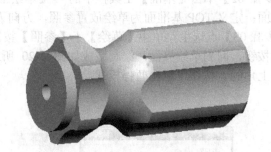

图 4-24　螺丝刀手柄

任务 4.3　绘制螺丝刀手柄

4.3.1　设计分析

螺丝刀手柄是日常生活中比较常见的用于拆卸、拧紧等回转传力零件。本任务通过绘制螺丝刀手柄，使读者正确运用特征阵列等工具。

根据螺丝刀手柄的结构分析，首先需要创建回转的主体框架等，再在端面上进行切口放置并阵列。最后生成孔特征完成最终效果，如图 4-24 所示。

4.3.2　新建文件

【步骤 01】单击计算机桌面上的 🖳【Pro/E Wildfire 5.0】快捷图标，此时系统会弹出一个空白的操作界面。

【步骤 02】单击菜单栏中【文件】|【新建】命令，系统将弹出【新建】对话框。将文件名改为"4-3"，取消【使用缺省模板】，单击【确定】按钮。点选【mmns_part_solid】公制模板文件，单击【确定】按钮，进入零件创建的工作环境。

4.3.3　创建回转实体

【步骤 01】单击【基础特征】工具栏中的 🔩【旋转工具】按钮，弹出"旋转"操控板。单击【基准】工具栏中的 🔲【草绘工具】按钮，进入草图绘制模式。

【步骤02】在"草绘"对话框中选择 TOP 面为草绘平面,其它设置系统默认,单击【草绘】按钮,绘制完成如图 4-25 所示的草图。单击草图右边的 ✔ 按钮,再单击右上角的 ▶ 按钮,退出暂停模式,单击 ✔ 按钮,生成旋转体特征。

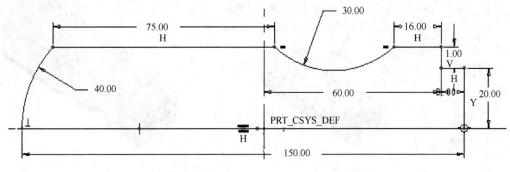

图 4-25 回转体截面草图

【步骤03】单击 ⊃【倒圆角】在手柄特征上进行美观性处理,特征倒圆角尺寸为 5。将手柄的头部边缘进行倒圆角,如图 4-26 所示。

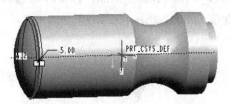

图 4-26 回转特征

图 4-27 切口特征生成

4.3.4 创建切除特征

【步骤01】单击 ⌐【拉伸工具】按钮,单击【基准】工具栏中的 ▨【草绘工具】按钮。

【步骤02】选择手柄的顶端平面为草绘平面,其它设置接受系统默认,进入草图绘制模式。绘制一个直径φ40 的圆形,如图 4-29 所示,单击草图右边的 ✔ 按钮完成。

【步骤03】单击【拉伸】操作面板上的 ⊘【移除材料】按钮,点击 ⩘【切换方向】按钮确认箭头指向剖面内部,如图 4-28 所示。单击 ✔ 按钮,生成拉伸切除特征,如图 4-27 所示。

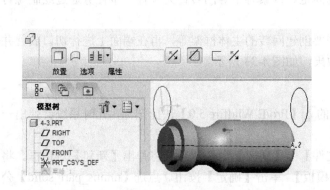

图 4-28 移除材料设置

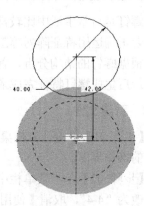

图 4-29 切口草图

【步骤 04】右击刚创建的切口特征，在弹出的快捷菜单中选择▦【阵列】命令。在弹出的【阵列】特征操控板中进行如图 4-30 所示的设置处理，生成阵列特征，如图 4-31 所示。

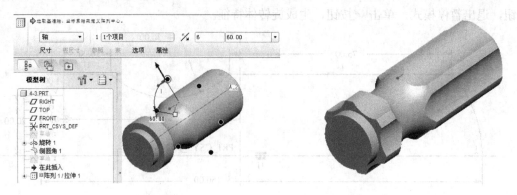

　　　　图 4-30　切口阵列设置　　　　　　　　　　　　　图 4-31　轴向阵列生成

4.3.5　创建孔特征

单击▽【孔特征】|⟨放置⟩按钮，选取手柄回转轴 A_2 作为放置主参照，按 Ctrl 键选取手柄的端表面作为孔放置的另一参照。输入孔径ϕ10 深度为 80，如图 4-32 所示。

　　　　　　图 4-32　螺丝刀手柄　　　　　　　　　　　　　图 4-33　螺钉特征

任务 4.4　绘制螺钉

4.4.1　设计分析

螺钉是日常生活中比较常见的固定、拧紧等中等回转传力零件。本任务通过绘制螺钉，使读者正确运用特征阵列等工具。

根据螺钉的结构分析，首先需要创建回转的主体框架等，再在端面上进行切口放置并阵列。最后生成螺钉特征完成最终效果，如图 4-33 所示。

4.4.2　新建文件

【步骤 01】单击计算机桌面上的▨【Pro/E Wildfire 5.0】快捷图标，此时系统会弹出一个空白的操作界面。

【步骤 02】单击菜单栏中【文件】|【新建】命令，系统将弹出【新建】对话框。将文件名改为 "4-4"，取消【使用缺省模板】，单击【确定】按钮。点选【mmns_part_solid】公制模板文件，单击【确定】按钮，进入零件创建的工作环境。

4.4.3　创建回转实体

【步骤01】单击【基础特征】工具栏中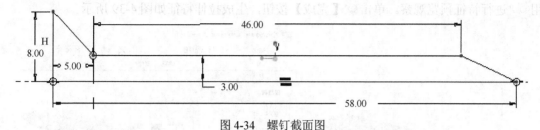【旋转工具】按钮，单击 【草绘工具】按钮。

【步骤02】在"草绘"对话框中选择 FRONT 基准面为草绘平面，其它设置接受系统默认。单击【草绘】按钮，绘制完成如图 4-34 所示的草图。退出草图模式，单击完成 ✔ 按钮，生成旋转体特征。

图 4-34　螺钉截面图

【步骤03】单击 【倒圆角】在螺钉头部边缘上进行耐磨性处理，特征倒圆角尺寸为 0.2。将螺钉帽沿进行倒圆角，结果如图 4-35 所示。

图 4-35　头部倒圆角　　　　　　　　图 4-36　设置螺钉孔特征

4.4.4　在顶面上创建异形特征

【步骤01】单击【工程特征】工具栏中的 【孔特征】按钮，弹出【孔特征】操控板。

【步骤02】在操控板的"放置"下滑板中，选择螺钉回转轴 A_2 为放置主参照，参照类型显示为"同轴"，按 Ctrl 键选取螺钉头部端面作为另一放置参照，如图 4-36 所示。

【步骤03】在【孔特征】工具操控板中，点击"使用草绘定义钻孔轮廓"按钮 。再激活草绘器按钮 ，绘制如图 4-37 所示的草绘，点击 ✔ 按钮，生成孔特征。

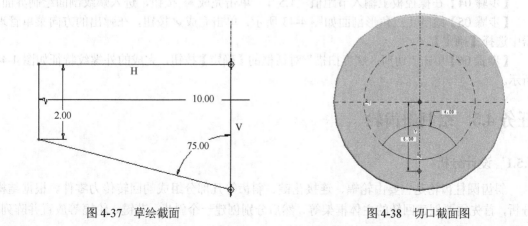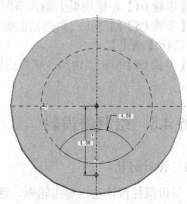

图 4-37　草绘截面　　　　　　　　　图 4-38　切口截面图

【步骤 04】单击  【拉伸工具】按钮，单击【基准】工具栏中的 ▧【草绘工具】按钮，弹出"草绘"对话框。

【步骤 05】选择螺钉的端平面为草绘平面，其它设置接受系统默认，进入草图绘制模式。绘制如图 4-38 所示的草绘，单击草图右边的 ✔【关闭】按钮完成。

【步骤 06】单击【拉伸】操作面板上的 ≣【拉伸至下一曲面】按钮，调整箭头方向并使用 ∞ 进行特征预览观察。单击 ✔【完成】按钮，生成拉伸特征如图 4-39 所示。

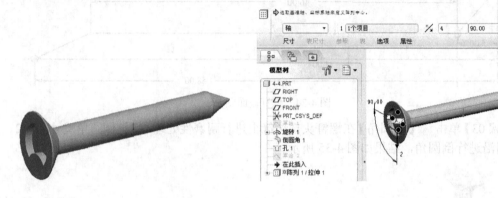

图 4-39　拉伸切口特征　　　　　　　　图 4-40　切口阵列

【步骤 07】右击刚创建的弧形特征，在弹出的快捷菜单中选择 ▦【阵列】命令。在弹出的【阵列】特征操控板中进行如图 4-40 所示的设置处理，生成阵列特征如图 4-41 所示。

4.4.5　创建螺纹特征

【步骤 01】单击主菜单中【插入】｜【螺旋扫描】｜【切口】，弹出【切剪：螺旋扫描】对话框和属性【菜单管理器】，选择【常数】｜【穿过轴】｜【右手定则】｜【完成】。

图 4-41　阵列特征

【步骤 02】选择 FRONT 基准面为螺纹剖面平面，单击【确定】｜【缺省】，进入草绘模式。

【步骤 03】绘制如图 4-42 所示的图形；注意先绘制垂直的中心线，再绘制轨迹；该轨迹定义了扫描的方向和长度，单击 ✔【完成】按钮。

【步骤 04】在操控板上输入节距值"1.5"，单击完成 ✔ 按钮，进入螺纹剖面绘制界面。

【步骤 05】绘制正三角形剖面如图 4-43 所示，单击完成 ✔ 按钮，在弹出的方向菜单管理器中选择【确定】。

【步骤 06】单击"切剪：螺旋扫描"对话框的【确定】按钮，完成的外螺纹特征如图 4-44 所示。

任务 4.5　绘制斜齿轮

4.5.1　设计分析

斜齿圆柱齿轮是主要由轮辐、连接花键、斜齿等几部分组成的回转传力零件。根据结构分析，首先需要创建回转的主体框架等，然后分别创建一个斜齿、花键、轮辐等放置并阵列。

最后生成斜齿圆柱齿轮特征完成最终效果，如图 4-45 所示。

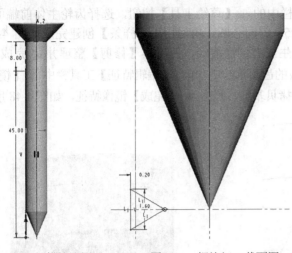

图 4-42 扫描轨迹图　　　图 4-43 螺旋切口截面图　　　图 4-44 螺钉特征

4.5.2 新建文件

【步骤 01】单击计算机桌面上的 📟【Pro/E Wildfire 5.0】快捷图标，此时系统会弹出一个空白的操作界面。

【步骤 02】单击菜单栏中【文件】|【新建】命令，系统将弹出【新建】对话框。将文件名改为"4-5"，取消【使用缺省模板】，单击【确定】按钮。点选【mmns_part_solid】公制模板文件，单击【确定】按钮，进入零件创建的工作环境。

4.5.3 创建回转主体

【步骤 01】单击【基础特征】工具栏中的 ⚙【旋转工具】按钮，弹出"旋转"操控板。单击【基准】工具栏中的 ⚞【草绘工具】按钮，进入草图绘制模式。

【步骤 02】在"草绘"对话框中选择 FRONT 面为草绘平面，其它设置系统默认，单击【草绘】按钮，绘制完成如图 4-46 所示的草图。单击草图右边的✔按钮，再单击右上角的▶按钮，退出暂停模式，单击✔按钮，生成斜齿圆柱齿轮旋转主体的特征。

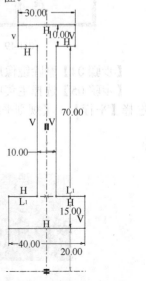

图 4-45 斜齿圆柱齿轮　　　　　　　图 4-46 旋转主体截面图

4.5.4 创建斜齿廓并阵列

【步骤 01】单击【基准】工具栏中的 ⚙ 【草绘工具】按钮，选择齿轮主体前端面作为草绘平面。绘制三个 ϕ229、ϕ246、ϕ258 的同心圆，再运用 ∿ 【样条】创建完成如图 4-47 所示左侧齿廓；以中心线为基准，镜像生成右侧齿廓线，使用 ✂ 【修剪】整理并 ✔ 完成。

【步骤 02】在导航栏中选择生成的齿廓草绘 2，单击【编辑特征】工具栏中 �)(【镜像工具】按钮，选择 RIGHT 基准面作为镜像拷贝基准，点击 ✔ 【完成】镜像特征，如图 4-48 所示。

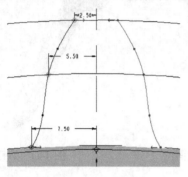

图 4-47 一个齿廓

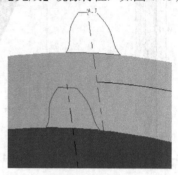

图 4-48 镜像齿廓

【步骤 03】在模型树选择镜像生成的齿廓草绘 2（2），右击选择【编辑定义】，弹出【剖面重新定义】警告对话框，点击"是"（中断与外部草绘关联的链接）如图 4-49 所示。以齿轮旋转中心为起点绘制一条中心线，此线与齿廓对称中心线间夹角为"5°"，然后使用)(按钮镜像生成齿廓草绘 3，如图 4-50 所示。

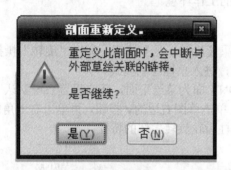

图 4-49 警告栏

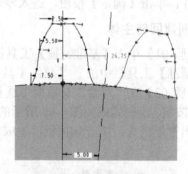

图 4-50 镜像齿廓

【步骤 04】删除镜像后的原齿廓"草绘 2"，点击 ✔ 【完成】按钮，如图 4-51 所示。

【步骤 05】选择主菜单【插入】|【混合】|【伸出项】→ 弹出【混合】菜单管理器，选择【平行】|【规则平面】|【草绘截面】|【完成】→【光滑】|【完成】。

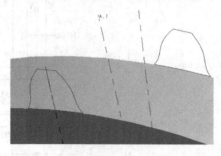

图 4-51 斜齿两端齿廓

图 4-52 混合反向→确定

【步骤 06】选择主体前端面，单击【反向】|【确定】|【缺省】选项，选取回转轴 A_4 作为参照，单击【关闭】按钮如图 4-52 所示。

【步骤 07】通过边创建图元 ▭【使用】按钮，依次投影齿廓边线（注意始点和方向）；切换截面后再用边创建投影完成另一齿廓（注意始点和方向），如图 4-53 所示的混合剖面。

【步骤 08】单击 ✔ 按钮完成，选择【盲孔】|【　完成】，输入截面深度 30；使用 ⚙ 特征预览观察，点击 ✔ 按钮完成如图 4-54 所示，生成一个斜齿轮廓的混合特征。

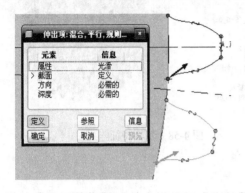

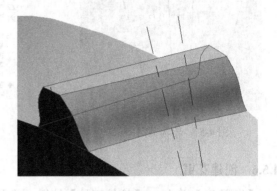

图 4-53　混合剖面绘制　　　　　　　图 4-54　一斜齿混合特征

【步骤 09】选择才生成的斜齿进行阵列：轴方式、40 个、9º，完成如图 4-55 所示的设置。

【步骤 10】点击完成 ✔ 按钮，生成如图 4-56 所示的斜齿圆柱齿轮轮齿部分特征。

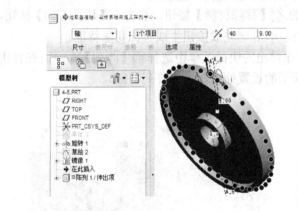

图 4-55　阵列设置　　　　　　　　　　图 4-56　斜齿轮主体

4.5.5　创建轮辐

【步骤 01】单击 ⬚【拉伸工具】按钮，单击【基准】工具栏中的 ▨【草绘工具】按钮，弹出"草绘"对话框。

【步骤 02】选择轮辐的侧面为草绘平面，其它设置接受系统默认，进入草图绘制模式。绘制如图 4-57 所示的草绘，单击草图右边的 ✔ 按钮完成。

【步骤 03】单击【拉伸】操作面板上的 ◪【移除材料】按钮，点击 ⤢【切换方向】按钮，确认箭头指向剖面内部，选择 ▉▉ 穿透按钮，单击 ✔ 完成按钮生成拉伸切除特征。

【步骤 04】右击刚创建的切口特征，在弹出的快捷菜单中选择 ▦【阵列】命令。在弹出的【阵列】特征操控板中进行如图 4-58 所示的设置处理，使用 ⚙ 预览观察生成阵列特征。

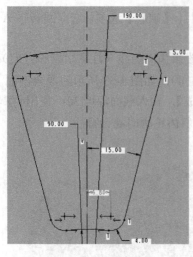

图 4-57 轮辐截面图

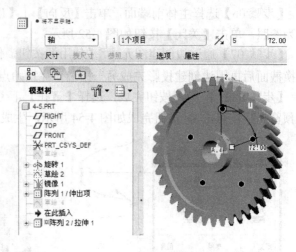

图 4-58 轮辐特征阵列

4.5.6 创建花键

【步骤 01】单击 ⬜【拉伸工具】按钮，单击【基准】工具栏中的 ⬜【草绘工具】按钮，弹出"草绘"对话框。

【步骤 02】选择花键基本体的前端面为草绘平面，其它设置接受系统默认，进入草图绘制模式。绘制如图 4-59 所示的草绘，单击草图右边的 ✓ 按钮完成。

【步骤 03】单击【拉伸】操作面板上的 ⬜【移除材料】按钮，点击 ⬜【切换方向】按钮，确认箭头指向剖面内部，选择 ⬜穿透按钮，单击 ✓完成按钮生成拉伸切除特征。

【步骤 04】右击刚创建的切口特征，在弹出的快捷菜单中选择 ⬜【阵列】命令。在弹出的【阵列】特征操控板中进行如图 4-60 所示的设置处理，生成阵列特征。

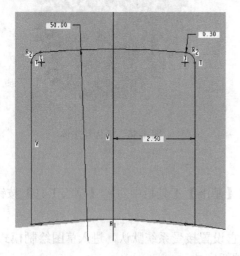

图 4-59 花键凹齿截面图

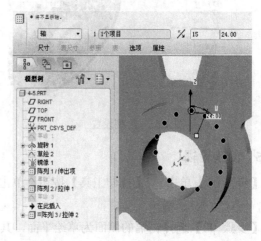

图 4-60 花键特征阵列

【步骤 05】单击【工程特征】工具栏中的 ⬜【倒角工具】按钮，弹出【倒角】操控板。

【步骤 06】选择尺寸方式为"DXD"；选择斜齿轮的两端轮缘边线及花键外围两端边线共 4 条边作为倒角要素；设置倒角尺寸为 2，单击完成 ✓ 按钮，如图 4-61 所示。

【步骤 07】单击【工程特征】工具栏中 ⌒【倒圆角工具】按钮，弹出【倒圆角】操控板。

【步骤 08】选择斜齿轮轮辐的切口边线作为第一组倒圆角，并设置圆角半径为 4 ；选择齿轮轮缘与轮辐接合处、轮辐与花键基体接合处的边线作为第二组圆角，设置圆角半径为 3，生成圆角特征如图 4-62 所示。

图 4-61　倒角特征　　　　　　　　　　　图 4-62　倒圆角完成

任务 4.6　绘制烟灰缸

4.6.1　设计分析

烟灰缸是用来放置烟灰并具有灵巧、美观的用具。首先创建回转特征，依次进行除料并创建相垂直的凹槽，再过渡边缘并抽壳。最后生成烟灰缸特征完成最终效果，如图 4-63 所示。

4.6.2　新建文件

【步骤 01】单击计算机桌面上的 ▦【Pro/E Wildfire 5.0】快捷图标，此时系统会弹出一个空白的操作界面。

【步骤 02】单击菜单栏中【文件】｜【新建】命令，系统将弹出【新建】对话框。将文件名改为"4-6"，取消【使用缺省模板】，单击【确定】按钮。点选【mmns_part_solid】公制模板文件，单击【确定】按钮，进入零件创建的工作环境。

4.6.3　主体生成

【步骤 01】单击 ▱【拉伸工具】按钮，单击【基准】工具栏中的 ▨【草绘工具】按钮，弹出"草绘"对话框。

【步骤 02】选择 TOP 面为草绘平面，其它设置接受系统默认，进入草图绘制模式。绘制如图 4-64 所示的草绘，单击草图右边的 ✔ 按钮完成。

【步骤 03】单击【指定深度】▟ 按钮，输入深度数值 8，单击完成 ✔ 按钮生成拉伸特征。

【步骤 04】单击 ▱【拉伸工具】按钮，以刚创建特征的圆顶面为草绘平面，拉伸除料 $\phi40$，深度为 5 的；单击 ▨【移除材料】并切换方向，单击 ✔ 按钮生成切除特征如图 4-65 所示。

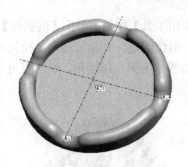

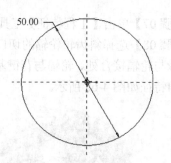

图 4-63　烟灰缸造型　　　　　　　　　　　图 4-64　主体截面图

【步骤 05】单击【工程特征】工具栏中的 🌶 【孔特征】按钮，弹出【孔特征】操控板。

【步骤 06】在操控板的"放置"下滑板中，选择圆柱侧面为放置主参照，将参照类型修改为"径向"，选 TOP 基准面及顶表面作为偏移参照，参数设置如图 4-66 所示。

【步骤 07】在【孔特征】工具操控板中，输入孔径 8，深度为 50。点击 ✔ 按钮生成孔特征。

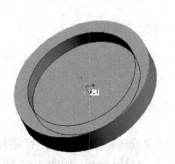

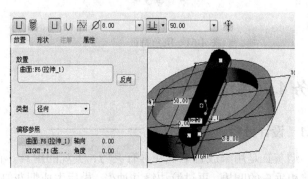

图 4-65　拉伸柱孔　　　　　　　　　　　　图 4-66　侧面孔生成

【步骤 08】同样的方法创建一个与上一步柱孔相垂直的，且分布于柱体 90°位置上的相同孔特征。如图 4-67 所示。

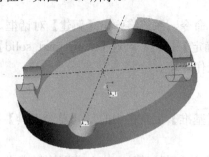

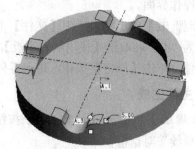

图 4-67　拉伸另一柱孔　　　　　　　　　　图 4-68　倒圆角生成

4.6.4　特征角处理

【步骤 01】单击【工程特征】工具栏中的 🌙 【倒圆角工具】按钮，弹出【倒圆角】操控板。

【步骤 02】选择刚刚创建的孔边线作为第一组倒圆角，并设置圆角半径为 5 ；选择烟灰缸边缘作为第二组圆角，并设置圆角半径为 2.5，生成的圆角特征如图 4-68~图 4-70 所示。

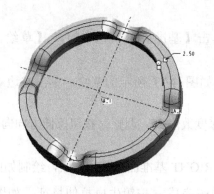

图 4-69 边缘倒圆角

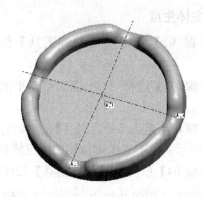

图 4-70 倒圆角生成

【步骤 03】选择烟灰缸底表面，单击【壳工具】 回 按钮。输入厚度数值为"1"， 点击 ✔
按钮生成壳特征，如图 4-71 所示。

图 4-71 生成壳特征

图 4-72 连接架特征

任务 4.7 绘制连接架

4.7.1 设计分析

连接架主要用于机械中的各部分机构的活动连接。具有韧性好、强度高、结合好、结构
紧凑等特点。根据结构分析，首先需要拉伸建立连接架的基本外形，然后分别创建连接架的
孔特征和筋特征等结构，再对其倒角进行外观处理。最后生成完整效果，如图 4-72 所示。

4.7.2 新建文件

【步骤 01】单击计算机桌面上的 【Pro/E Wildfire 5.0】快捷图标，此时系统会弹出一个
空白的操作界面。

【步骤 02】单击菜单栏中【文件】|【新建】命令，系统将弹出【新建】对话框。将文
件名改为"4-7"，取消【使用缺省模板】，单击【确定】按钮。点选【mmns_part_solid】公制
模板文件，单击【确定】按钮，进入零件创建的工作环境。

4.7.3 主体生成

【步骤 01】单击 □【拉伸工具】按钮，单击【基准】工具栏中的 ▥【草绘工具】按钮。

【步骤 02】选择 TOP 面为草绘平面，绘制如图 4-73 所示的草绘，单击右边 ✔ 按钮完成。

【步骤 03】单击【指定深度】⊥ 按钮，输入深度数值 25，调整 ╱ 按钮拉伸方向向下，如图 4-74 所示。单击完成 ✔ 按钮生成拉伸特征。

【步骤 04】单击 □【拉伸工具】按钮，选择 RIGHT 基准面为草绘平面，绘制如图 4-75 所示。调整 ╱ 按钮拉伸方向，深度数值 20，单击完成 ✔ 按钮生成拉伸特征，如图 4-76 所示。

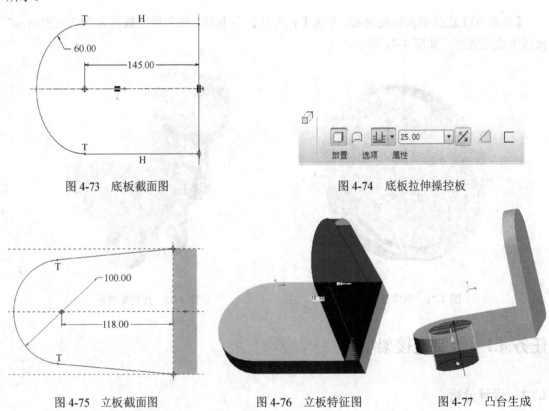

图 4-73 底板截面图　　　图 4-74 底板拉伸操控板

图 4-75 立板截面图　　　图 4-76 立板特征图　　　图 4-77 凸台生成

【步骤 05】单击 □【拉伸工具】按钮，选择 TOP 基准面为草绘平面绘制一个 φ70 的圆。

【步骤 06】单击【指定深度】⊥ 按钮，调整 ╱ 按钮拉伸方向向下；输入深度数值 60，单击完成 ✔ 按钮生成凸台拉伸特征，如图 4-77 所示。

【步骤 07】单击 ⊘【基准平面】按钮，选择 RIGHT 面基准为参照平面。设置偏移距离 25，单击【确定】按钮，即可创建出 DTM1 基准面，如图 4-78 所示。

【步骤 08】单击 □【拉伸工具】按钮，选择 DTM1 基准面为草绘平面绘制一个与实体圆相等的圆。输入深度数值 70，单击完成 ✔ 按钮生成立面凸台特征，如图 4-79 所示。

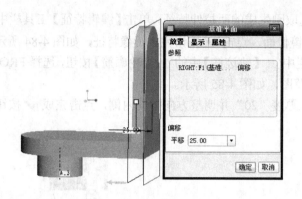
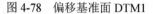

图 4-78　偏移基准面 DTM1

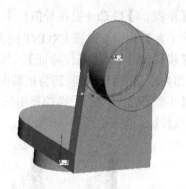

图 4-79　立板凸台生成

4.7.4　支脚生成

【步骤 01】单击 ⌷【基准平面】按钮，选择 FRONT 面为参照平面。设置偏移距离 48，单击【确定】按钮，即可创建出 DTM2 基准面，如图 4-80 所示。

【步骤 02】单击 ⌷【拉伸工具】按钮，选择 DTM2 基准面为草绘平面，绘制如图 4-81 所示的草图截面。设置拉伸形式为 ⊟【对称】，输入深度数值 15，单击完成 ✔ 按钮生成特征。

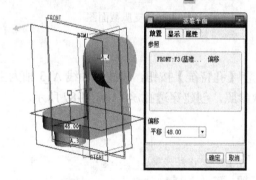

图 4-80　偏移基准面 DTM2

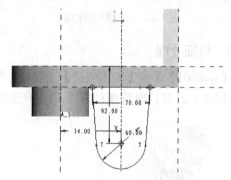

图 4-81　支脚截面图

【步骤 03】继续单击 ⌷【拉伸工具】按钮，在草绘对话框点击 使用先前的 按钮，如图 4-82 所示。绘制一个与实体圆相等的圆，设置拉伸形式为 ⊟【对称】，输入深度数值 24，单击完成 ✔ 按钮生成一侧支脚特征，如图 4-83 所示。

图 4-82　设定草绘平面

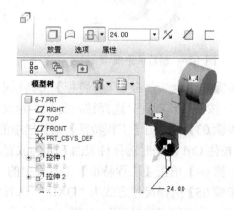

图 4-83　支脚截面图

【步骤 04】按 Ctrl 键在导航栏中选取刚生成的两拉伸特征，单击【编辑特征】工具栏中 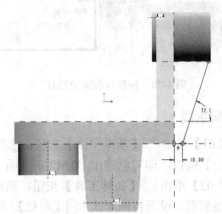 【镜像工具】按钮，选择 FRONT 面为镜像面，点击 ✔ 按钮完成镜像特征，如图 4-84 所示。

【步骤 05】单击【工程特征】工具栏中 ⌷ 【轨迹筋】中的 ◺ 【轮廓筋】按钮，选择 FRONT 基准面为草绘平面，绘制筋特征截面草图，如图 4-85 所示。

【步骤 06】在"筋"操控板中输入厚度"20"并调整方向指向内侧，点击完成 ✔ 按钮生成筋板特征。完成如图 4-86 所示。

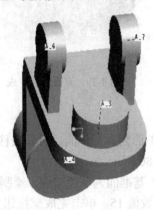

图 4-84　支脚特征生成

图 4-85　支脚截面图

4.7.5　特征处理

【步骤 01】单击【工程特征】工具栏中的 ⫪ 【孔特征】按钮，选柱体轴线 A_3 轴为主参照，按住 Ctrl 键同时选择柱表面 F10 为放置次参照，创建穿透孔 ϕ40 如图 4-87 所示。

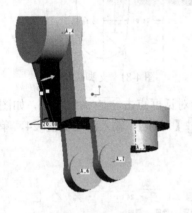

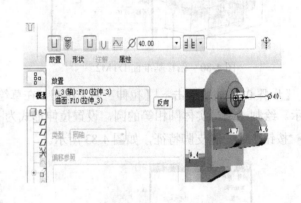

图 4-86　筋特征生成

图 4-87　底板穿透孔

【步骤 02】继续单击【工程特征】工具栏中的 ⫪ 【孔特征】按钮，选柱体轴线 A_4 轴为主参照，按住 Ctrl 键同时选择柱表面 F13 为放置次参照，创建穿透孔 ϕ68 如图 4-88 所示。

【步骤 03】再单击【工程特征】工具栏中的 ⫪ 【孔特征】按钮，选柱体轴线 A_6 轴为主参照，按住 Ctrl 键同时选择柱表面 F18 为放置次参照，创建穿透孔 ϕ38 如图 4-89 所示。

【步骤 04】单击【工程特征】工具栏中的 ゝ 【倒角工具】按钮，弹出【倒角】操控板。

【步骤 05】选择尺寸方式为"DXD"；选择实体上孔口的边线作为倒角要素，并设置倒角尺寸为 2，单击完成 ✔ 按钮，如图 4-90 所示。

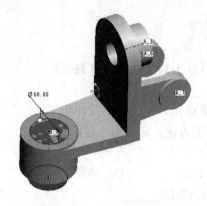

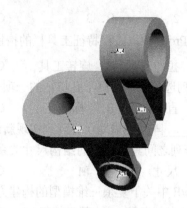

　　图 4-88　立板穿透孔　　　　　　　　　　　　　　图 4-89　支脚穿透孔

　　【步骤 06】单击【工程特征】工具栏中的 【倒圆角工具】按钮，弹出【倒圆角】操控板。

　　【步骤07】选择连接架的各部分结构间的相交边线作为倒圆角要素，设置圆角半径为2，生成圆角特征如图4-91所示。

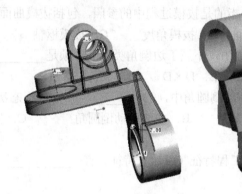

　　图 4-90　孔口边倒角　　　　　　　　　　　图 4-91　连接架特征

项目知识点

　　本项目通过绘制滑块、支座、螺丝刀手柄、斜齿轮、连接架等零件，主要介绍了 Pro/E Wildfire 5.0 特征放置与编辑命令的应用。使读者能够掌握打孔、抽壳、圆角创建等基本放置工具，同时正确使用镜像与阵列功能命令并熟练运用。

实践与练习

1. 选择题

　　1）在 Pro/E 零件设计中，下面代表倒圆角特征的是（　　　）。

　　A. ⬜　　　　　　B. ⬜　　　　　　C. ⬜　　　　　　D. ⬜

　　2）在 Pro/E 中，打开孔特征工具的方法有（　　　）种。

      A．2   B．3   C．4   D．5

3）在 Pro/E 中，工程特征工具栏的按钮 ⌄ 为_____。

      A．拉伸工具 B．旋转工具   C．打孔工具   D．阵列工具

4）下列选项中，不属于孔特征的一项是_____。

      A．直孔   B．标准孔   C．简单孔   D．拉伸孔

5）_____阵列是借助已有阵列实现新阵列的方法，它的操作对象必须与已有阵列之间具有定位的结构尺寸关系。

      A．尺寸   B．轴   C．填充   D．参照

6）Pro/E 中关于复杂三维模型的构建方法采用的是_____。

      A．布尔运算 B．基于特征   C．拓扑运算   D．均不是

7）执行镜像操作后的两部分实体之间具有关联关系，若改变镜像操作的源对象，镜像生成的对象会_____。

      A．改变   B．不改变   C．尺寸改变   D．截面改变

8）下列选项中，不属于工程特征的一项是_____。

      A．筋特征   B．扫描特征   C．壳特征   D．倒角特征

9）_____指的是拔模过程中的参照，包括拔模曲面上的曲线，或者模型平面等。

      A．参照平面 B．拔模角度   C．拔模枢轴   D．拔模曲面

10）下列各选项中，不属于边倒角类型的一项是_____。

      A．D1×D2 B．D×D   C．45×D   D．角度×D

11）在 Pro/E 中的倒圆角中，_____曲线形态决定半径变化的圆角。

      A．可变倒圆角   B．曲线驱动倒圆角   C．完全倒圆角   D．恒定倒圆角

2. 填空题

1）在 Pro/E 中工程特征（或放置特征）有：_____、_____、_____、_____、_____和_____。

2）在 Pro/E 中，孔特征基本上可以分为直孔和标准孔两大类。其中，直孔又分为_____和草绘孔。

3）孔特征的放置类型分为 5 种，分别是_____、径向、直径、同轴和在点上。

4）按照阵列特征方式，可将其分为尺寸阵列、方向阵列、参照阵列和_____四种类型，其中_____是最为常见的一种阵列类型。

5）单一平面、圆柱面以及曲面都可以建立拔模特征，而 Pro/E 允许的拔模角度为_____之间。

6）倒角又被称为倒斜角或去角，是处理模型周围棱角的方法之一。在 Pro/E 中，倒角有_____和拐角倒角两种类型。

7）在边倒角特征中，DXD 的含义是_____。

8）在 Pro/E 中，筋的类型可以分为两种，分别是轨迹筋和_____。

9）_____在机械制造中又被称为抽壳，是指从指定的平面向下挖去一部分材料，从而形成新的特征。

3. 操作题

完成下列 3D 特征建模：

1）

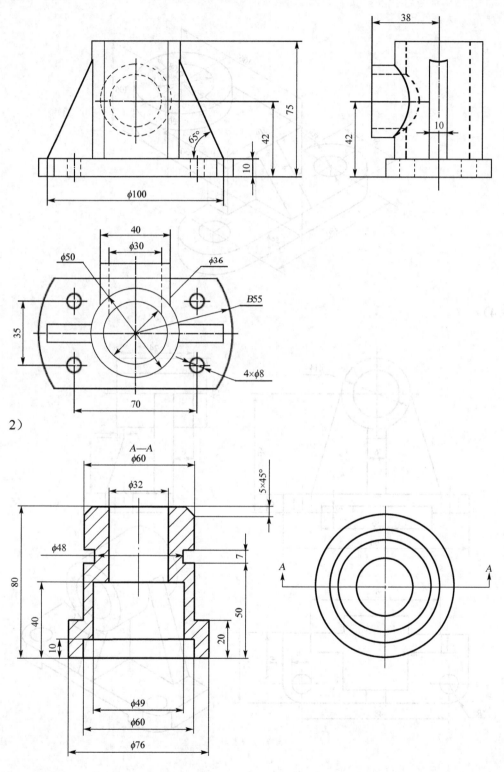

2）

3）

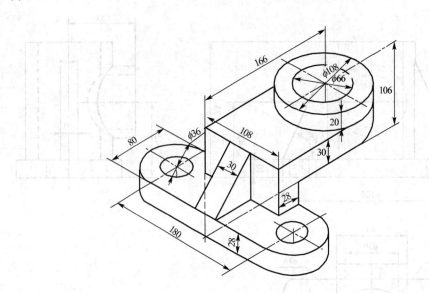

4）

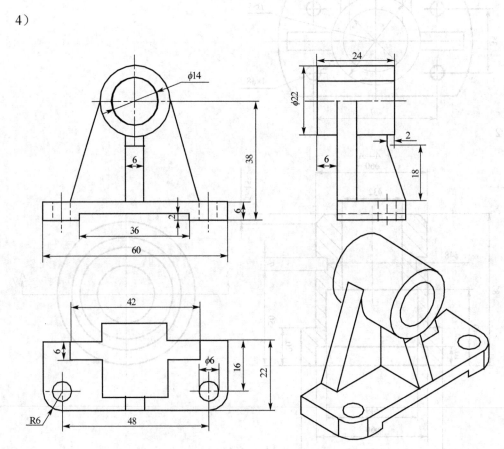

5)

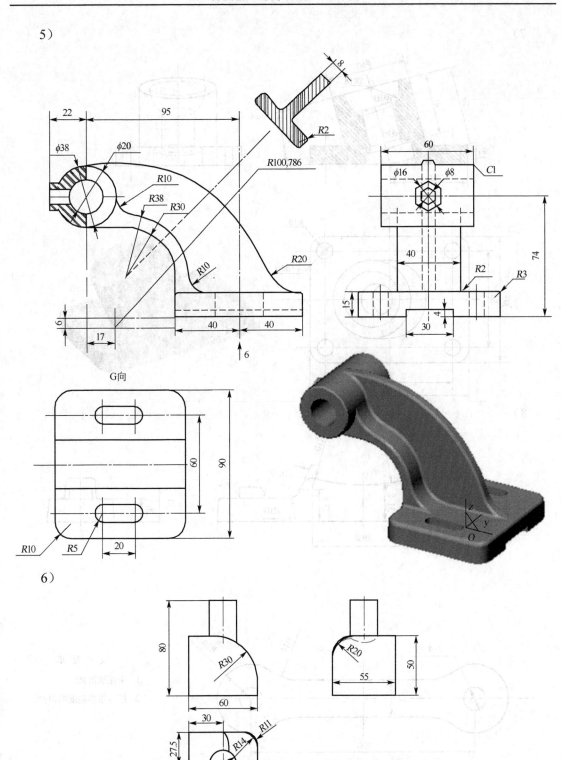

G向

6)

7）

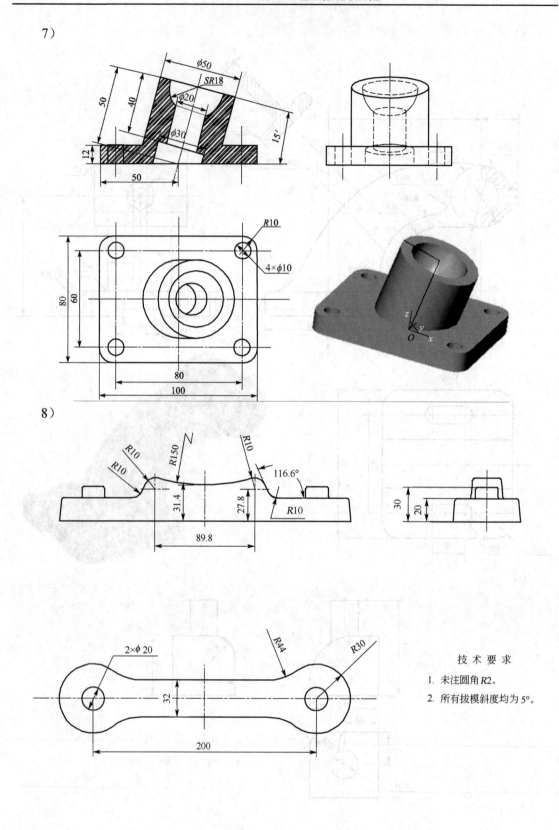

8）

技 术 要 求

1. 未注圆角 R2。

2. 所有拔模斜度均为 5°。

9)

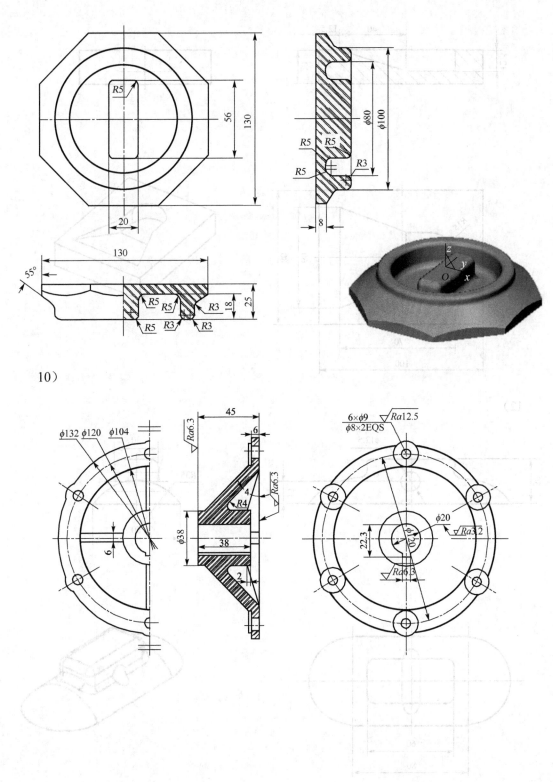

10)

11）

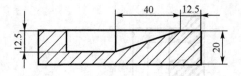

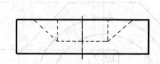

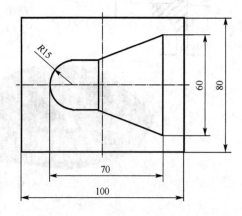

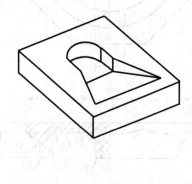

12）

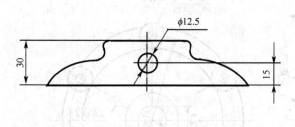

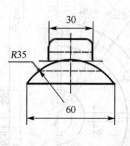

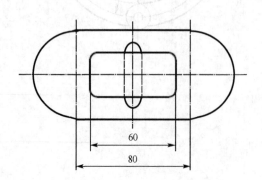

13）

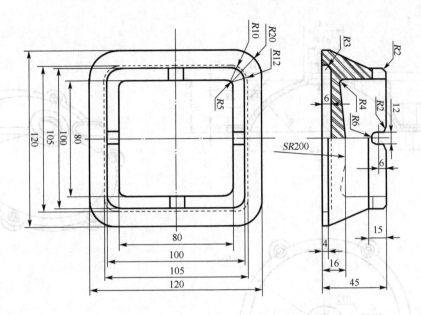

14）

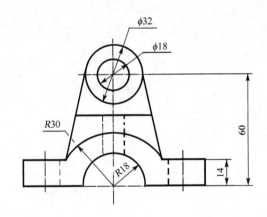

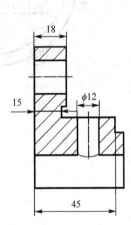

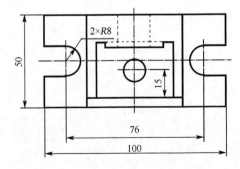

15）

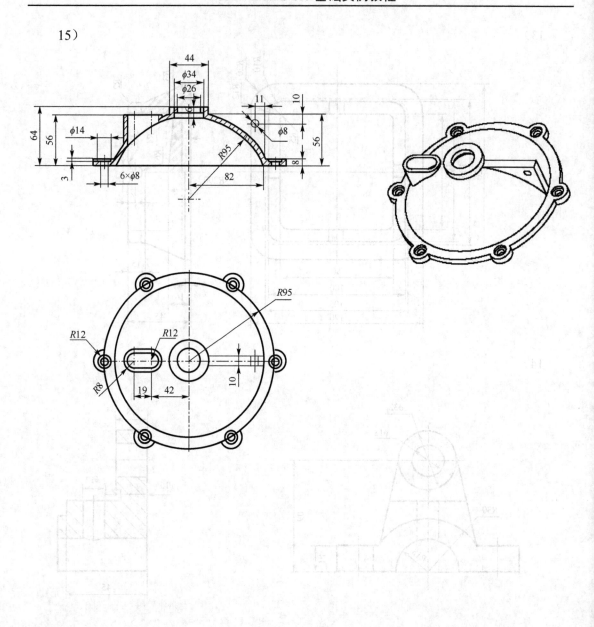

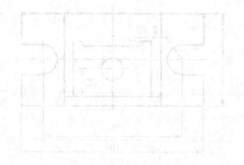

项目五　高级特征应用

【项目导读】

扫描与混合类构建属于高级特征，可用来建立外形较复杂的结构，包括可变截面扫描、混合、扫描混合以及螺旋扫描等。本章通过若干工程案例任务，来介绍 Pro/E Wildfire 5.0 的高级建模与应用。

【任务提示】

- 绘制衣架
- 绘制花瓶
- 绘制管道
- 绘制手柄
- 绘制阀盖
- 绘制敞口瓶
- 绘制工业吊钩

扫描特征是将截面沿轨迹线移动而生成的特征，利用扫描工具可以创建实体、薄板或曲面特征，如图 5-1 所示。

图 5-1　扫描特征

扫描特征主要包括扫描轨迹和扫描截面两大要素，创建扫描轨迹应注意以下几点，否则扫描可能失败：

轨迹曲线不能自相交；

相对于扫描截面，扫描轨迹中的弧或样条半径不能太小；

沿三维轨迹扫描时，将截面对齐或标注到固定图元，截面会定向改变。

图 5-2　水杯设计

图 5-3　混合特征

　　将扫描截面沿着轨迹线移动，截面所扫过的体积就构成了实体。在扫描实体时，截面几何图与轨迹线两者之一可不封闭。如果使用非封闭截面与封闭轨迹线，则可选择是否将截面沿轨迹线移动所产生的曲面内部填充，从而形成实体如图 5-2 所示。

　　混合特征是将若干个（两个或两个以上）截面通过混合的方式连接而形成的，混合特征有平行、旋转、一般共三种类型组成。混合特征的示例如图 5-3 所示，该混合特征由 3 个截面混合而成且光滑连接。

任务 5.1　绘制衣架

5.1.1　设计分析

　　根据衣架的外形特征分析，首先建立一个"零件实体"文件，设置好造型的环境。然后调动扫描工具制作挂钩，然后用同样的方法绘制衣架主体；再拉伸小立柱，最后在立柱上旋转出球体。这样就能达到最终效果，完成后的衣架效果如图 5-4 所示。

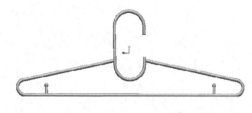

图 5-4　衣架

5.1.2　新建文件

　　【步骤 01】单击计算机桌面上的 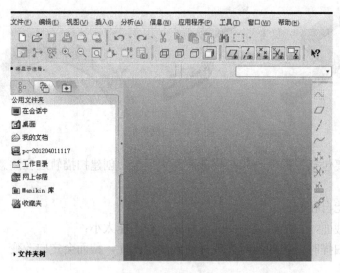【Pro/E Wildfire 5.0】快捷图标，此时系统会弹出如图 5-5 所示的空白操作界面。

图 5-5　空白操作界面

　　【步骤 02】单击菜单栏中【文件】|【新建】命令，系统将弹出【新建】对话框。将文件名改为"5-1"，取消【使用缺省模板】，单击【确定】按钮。点选【mmns_part_solid】公制模板文件，单击【确定】按钮，即可进入零件创建的工作环境进行操作。

5.1.3　绘制挂钩

　　【步骤 01】单击主菜单【插入】|【扫描】|【伸出项】命令，弹出"伸出项：扫描"

对话框和【菜单管理器】，如图 5-6 所示。

【步骤 02】在【菜单管理器】中单击【草绘轨迹】|【平面】按钮，弹出"菜单管理器"，如图 5-7 所示。选择 FRONT 基准面为草图绘制平面，单击【确定】|【缺省】命令，进入草绘模式。

图 5-6　"伸出项：扫描"对话框　　　　　图 5-7　菜单管理器

【步骤 03】绘制扫描轨迹线，如图 5-8 所示，完成后点击 ✔ 按钮。

【步骤 04】在草图模式下绘制剖面，如图 5-9 所示，完成后点击 ✔ 按钮，退出草绘模式。

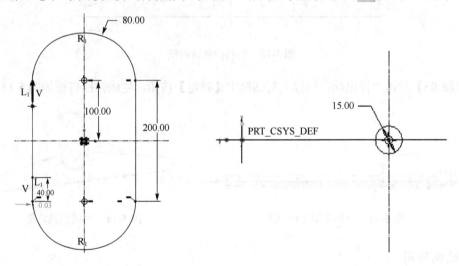

图 5-8　绘制扫描轨迹线　　　　　　　　图 5-9　绘制剖面

【步骤 05】单击"伸出项：扫描"对话框中【确定】按钮，生成扫描特征如图 5-10 所示。

图 5-10　生成扫描特征　　　　　　　　图 5-11　菜单管理器

5.1.4 绘制衣架主体

【步骤 01】单击主菜单【插入】|【扫描】|【伸出项】命令，弹出【菜单管理器】和"伸出项：扫描"对话框。

【步骤 02】在【菜单管理器】中单击【草绘轨迹】|【平面】按钮，弹出"菜单管理器"。选择 FRONT 基准面为草图绘制平面，单击【确定】|【缺省】命令，进入草绘模式。

【步骤 03】绘制扫描轨迹线，如图 5-12 所示。完成后点击 ✔ 按钮，在属性【菜单管理器】中单击【自由端】|【完成】如图 5-11 所示，单击【确定】完成。

【步骤 04】在草图模式下绘制剖面，如图 5-13 所示，完成后点击 ✔ 按钮，退出草绘模式。

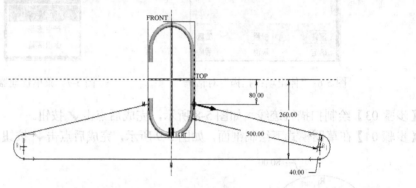

图 5-12　绘制扫描轨迹线

【步骤 05】单击"伸出项：扫描"对话框中【确定】按钮，生成扫描特征如图 5-14 所示。

图 5-13　绘制衣架主体剖面　　　　　　　图 5-14　生成扫描特征

5.1.5 绘制裤勾

【步骤 01】单击【基准】工具栏中的 ⬜【基准平面】按钮，弹出"基准平面"对话框。选择"TOP 面"作为参照，类型为"偏移"，将平移值改为"–220"。

【步骤 02】单击【确定】按钮，生成基准平面 DTM1，如图 5-15 所示。

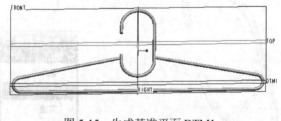

图 5-15　生成基准平面 DTM1

【步骤 03】单击【基础特征】工具栏中的 ⬛【拉伸工具】按钮，弹出"拉伸"操控板。

单击【基准】工具栏中的 ⚒【草绘工具】按钮，弹出"草绘"对话框。

【步骤04】在"草绘"对话框中选择基准平面 DTM1 为草绘平面，其它参数接受系统默认，单击【草绘】按钮，进入草图绘制模式。

【步骤05】在草图模式下绘制剖面，如图 5-16 所示，完成后点击 ✔ 按钮，退出草绘模式。

【步骤06】在"拉伸"操控板中将深度设置为"到下一个"，点击 ✔ 按钮完成拉伸特征。

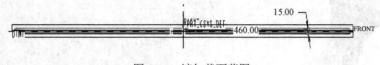

图 5-16　裤勾截面草图

5.1.6　绘制立柱上的球体

【步骤01】单击【基础特征】工具栏中的 ⚒【选转工具】按钮，弹出"旋转"操控板。单击【基准】工具栏中的 ⚒【草绘工具】按钮，弹出"草绘"对话框。

【步骤02】选择 FRONT 基准面为草图绘制平面，其它参数接受系统默认，单击【草绘】按钮，进入草图绘制模式。

【步骤03】绘制剖面，完成如图 5-17 所示的剖面。点击 ✔ 按钮，退出草绘模式。

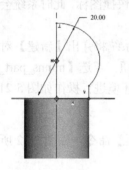

图 5-17　球体剖面

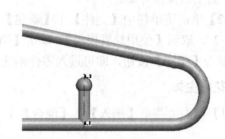

图 5-18　生成旋转特征

【步骤04】确认"旋转"操控板中的旋转角度为 360°，点击 ✔ 按钮生成如图 5-18 所示。

5.1.7　镜像圆柱体和球体

【步骤01】选择刚刚完成的圆柱体和球体，单击【编辑特征】工具栏中 ⚒【镜像工具】按钮，弹出"镜像"操控板。

【步骤02】选择 RIGHT 平面作为镜像基准面，完成衣架总体特征如图 5-19 所示。

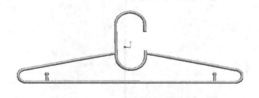

图 5-19　镜像特征生成

任务 5.2　绘制花瓶

5.2.1　设计分析

花瓶的特点是外表美观，触感光滑，而且比较常见的传统花瓶是口径大，脖径细，再往下又是丰满诱人的弧度，最后下方优美收住，非常的曲线设计。

　　根据花瓶的外形特征分析可知，首先在新建的工作环境中，插入混合工具绘制主体，然后用抽壳工具得到最终的花瓶特征，完成的效果如图 5-20 所示。

图 5-20　花瓶

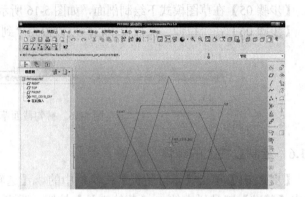

图 5-21　新建文件

5.2.2　新建文件

　　【步骤 01】单击计算机桌面上的【Pro/E Wildfire 5.0】快捷图标，此时系统会弹出【Pro/E Wildfire 5.0】的空白操作界面。

　　【步骤 02】单击菜单栏中【文件】|【新建】命令，系统将弹出【新建】对话框。将文件名改为 "5-2"，取消【使用缺省模板】，单击【确定】按钮。点选【mmns_part_solid】公制模板文件，单击【确定】按钮，即可进入零件创建的工作环境进行操作如图 5-21 所示。

5.2.3　绘制花瓶主体

　　【步骤 01】单击主菜单【插入】|【混合】|【伸出项】命令，如图 5-22 所示弹出【菜单管理器】。

　　【步骤 02】依次单击【菜单管理器】|【平行】|【规则截面】|【草绘截面】命令，如图 5-23 所示，再单击【完成】命令，弹出 "伸出项：混合，平行" 对话框，如图 5-24 所示。在变化后的【菜单管理器】中单击【光滑】|【完成】命令。

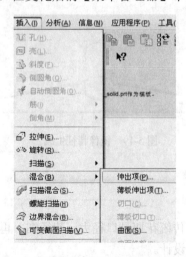

图 5-22　混合选项

图 5-23　菜单管理器

图 5-24　"伸出项：混合" 项

【步骤03】依次弹出【菜单管理器】如图 5-25 所示。选择 TOP 基准面作为绘图平面，接受系统默认的创建方向，单击【确定】|【缺省】完成草图平面的设置。

【步骤04】单击【草绘器】工具栏中○【圆】按钮，绘制直径为 ⌀80 的圆及两条（45°）参考中心线，并单击【几何约束】工具栏中的⊥【垂直】按钮，约束两条中心线。

图 5-25 菜单管理器

【步骤05】单击【草绘器工具】工具栏中的 ⬈【分割】按钮，在参考线与图形的交点处分割圆形。左键选取箭头的起始点，右击弹出快捷菜单，单击【起点】命令，改变起始点方向，完成第一个剖面的绘制，如图 5-26 所示。

【步骤06】完成第一个剖面的绘制后，在界面绘图区任一点右击，弹出快捷菜单，单击【切换截面】命令，此时第一个剖面会变成灰色。

【步骤07】单击【草绘工具】工具栏中的 ╲【直线】按钮，绘制一个边长为 30 的正方形，其角点位于参考线上，完成第二个剖面，如图 5-27 所示（注意起始点的位置和方向）。

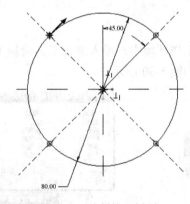 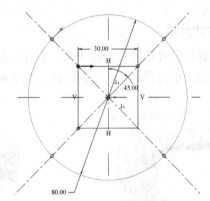

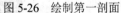

图 5-26 绘制第一剖面   图 5-27 绘制第二剖面

【步骤08】完成第二个剖面的绘制后，在界面绘图区任一点右击，弹出快捷菜单，单击【切换截面】命令，此时第一个和第二个剖面会变成灰色。

【步骤09】选取直径 80 的数值右击，弹出快捷菜单，单击【锁定】命令强制 80 不变。分别限定参考角度与正方形边长，防止在绘制第三剖面时已绘剖面变形。

【步骤10】单击【草绘器工具】工具栏中的○【圆】按钮，以距原点 30mm 定位之处为圆心绘制 R35 的圆，并修剪整理结束混合剖面的绘制，如图 5-28 所示。

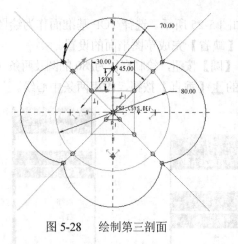

图 5-28　绘制第三剖面

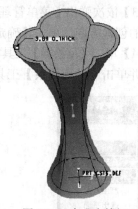

图 5-29　生成壳特征

【步骤 11】完成后回到"伸出项：混合，平行"对话框，弹出【深度菜单管理器】，接受默认选项【盲孔】，单击【完成】命令。

【步骤 12】左上方信息区弹出"输入剖面 2 的深度"，输入 100 后回车；又弹出"输入剖面 3 的深度"输入 150 后回车，结束深度定义。

【步骤 13】在"伸出项：混合"对话框，单击【确定】按钮，生成混合特征花瓶。

5.2.4　生成壳特征

选择模型的上表面，单击【特征】工具栏中的 回【壳工具】按钮，修改厚度值为 5，点击 ✔ 按钮完成壳特征，花瓶效果如图 5-29 所示。

任务 5.3　绘制管道

5.3.1　设计分析

根据管道的外形特征分析可知，首先在新建的工作环境中，插入混合工具绘制主体，然后创建扫描薄板得到最终的扫混特征，完成的效果如图 5-30 所示。

图 5-30　管道

图 5-31　混合选项

图 5-32　"伸出项：混合…"

5.3.2　新建文件

【步骤 01】单击计算机桌面上的 ▣【Pro/E Wildfire 5.0】快捷图标，此时系统会弹出【Pro/E Wildfire 5.0】的空白操作界面。

【步骤 02】单击菜单栏中【文件】|【新建】命令，系统将弹出【新建】对话框。将文件名改为"5-3"，取消【使用缺省模板】，单击【确定】按钮。点选【mmns_part_solid】公制模板文件，单击【确定】按钮，即可进入零件创建的工作环境进行操作。

5.3.3　绘制管道主体

【步骤01】单击主菜单【插入】|【混合】|【薄板伸出项】命令，如图 5-31 所示弹出"混合选项"的【菜单管理器】。

【步骤02】选择【平行】|【规则截面】|【完成】命令，弹出"伸出项：混合，薄板，平行"对话框与属性【菜单管理器】，点选【直】|【完成】命令，如图 5-32 所示。

【步骤03】选取 TOP 基准面为草绘平面，单击【确定】|【缺省】完成草图平面的设置。

【步骤04】绘制如图 5-33 所示的第一剖面图。执行【草绘】|【特征工具】|【切换截面】命令，使其变为灰色。

【步骤05】绘制第二剖面图，如图 5-34 所示。执行【草绘】|【特征工具】|【切换截面】命令，使第一和第二剖面均变为灰色。

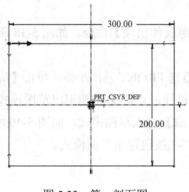

图 5-33　第一剖面图

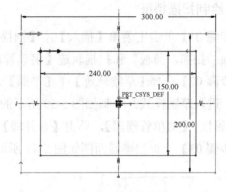

图 5-34　第二剖面图

【步骤06】绘制第三剖面图及两条中心线，如图 5-35 所示。单击【草绘器工具】工具栏中的 【分割】按钮，在参考线与图形的交点处分割圆形（注意起始点的位置和方向）。

【步骤07】执行【草绘】|【特征工具】|【切换截面】。绘制与第三剖面重合的第四个截面图并使其分割 4 段（注意起始点的位置和方向），点击✔按钮退出草绘模式。

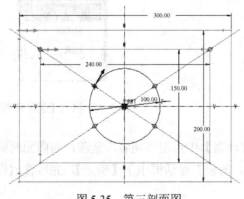

图 5-35　第三剖面图

图 5-36　菜单管理器

【步骤08】在薄板选项的【菜单管理器】中点击"两者"选项，向图元两侧添加材料，

输入薄板厚度 4。选择深度【菜单管理器】|【盲孔】|【完成】命令如图 5-36 所示。

【步骤 09】在截面深度文本框中分别输入 40,100,50，点击 ✔ 按钮退出。单击"伸出项：混合，薄板，平行"对话框中|【确定】按钮，完成主体设计如图 5-37 所示。

图 5-37　混合薄板　　　　　　　　　　　图 5-38　"伸出项：扫描，薄板"管理器

5.3.4　绘制扫描特征

【步骤 01】单击主菜单【插入】|【扫描】|【薄板伸出项】命令，如图 5-38 所示弹出"伸出项：扫描，薄板"和扫描轨迹【菜单管理器】。

【步骤 02】选择【草绘轨迹】|【平面】命令，点选 FRONT 基准平面，单击【确定】|【缺省】进入草图模式。绘制如图 5-39 所示的扫描轨迹线，点击 ✔ 按钮退出草图模式。在弹出的"属性"【菜单管理器】，单击【合并端】|【完成】进入草图模式，如图 5-40 所示。

【步骤 03】绘制扫描截面图如图 5-41 所示，点击 ✔ 按钮退出草图模式。

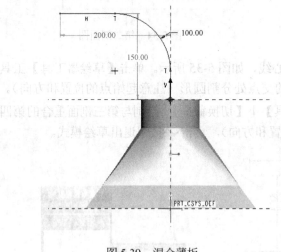

图 5-39　混合薄板　　　　　　　　　　　图 5-40　属性【菜单管理器】

【步骤 04】在"薄板选项"的【菜单管理器】中点击"两者"选项，向图元两侧添加材料，输入薄板厚度 4。单击"伸出项：扫描，薄板"对话框中|【确定】，完成管道设计如图 5-42 所示。

温馨提示：混合特征要求各个截面之间的起始点相匹配，包括图元边数及方向。若起始

点不符合要求，可利用主菜单中【草绘】|【特征工具】|【起始点】来切换位置与方向，使其符合要求。

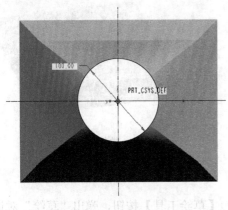

图 5-41 扫描截面图   图 5-42 管道特征

任务 5.4 绘制手柄

5.4.1 设计分析

根据手柄的外形特征分析可知，首先需要拉伸生成手柄底座，接着利用混合扫描工具绘制手柄，然后再利用倒圆角工具得到最终的特征设计，完成的效果如图 5-43 所示。

5.4.2 新建文件

【步骤 01】单击计算机桌面上的 【Pro/E Wildfire 5.0】快捷图标，此时系统会弹出【Pro/E Wildfire 5.0】的空白操作界面。

【步骤 02】单击菜单栏中【文件】|【新建】命令，系统将弹出【新建】对话框。将文件名改为"5-4"，取消【使用缺省模板】，单击【确定】按钮。

图 5-43 手柄

点选【mmns_part_solid】公制模板文件，单击【确定】按钮，即可进入零件创建的工作界面进行操作。

5.4.3 绘制底座

【步骤 01】单击【基础特征】工具栏中的 🗗【拉伸工具】按钮，弹出"拉伸"操控板。单击【基准】工具栏中的 🖎【草绘工具】按钮，弹出"草绘"对话框。

【步骤 02】在"草绘"对话框中选择 TOP 基准面作为草绘平面，其它参数接受系统默认，单击【草绘】按钮，进入草图绘制模式。

【步骤 03】绘制草图如图 5-44 所示，完成后点击 ✔ 按钮，退出草绘模式。

【步骤 04】在"拉伸"操控板中将深度设置为 ⬒ "对称"，数值更改为 50， 点击 ✔ 按钮，完成拉伸特征，如图 5-45 所示。

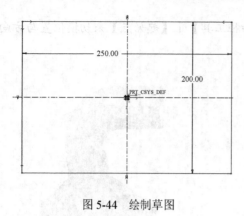

图 5-44　绘制草图

图 5-45　拉伸底座

5.4.4　绘制手柄把手

【步骤 01】单击【基准工具】工具栏中的 【草绘工具】按钮，弹出"草绘"对话框。在"草绘"对话框中选择 FRONT 基准面作为草绘平面，进入草图绘制模式。

【步骤 02】单击主菜单【草绘】|【参照】命令，选择特征顶边线为参照基准，点击【确定】。绘制基准轨迹线，如图 5-46 所示。完成后点击 ✓ 按钮，退出草绘模式。

【步骤 03】单击主菜单【插入】|【扫描混合】命令，弹出"扫描混合"操控板。在轨迹线的右上端双击左键以切换始点及方向，如图 5-47 所示。

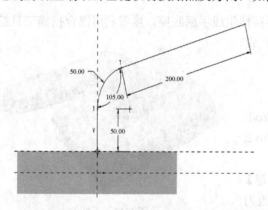

图 5-46　绘制基准轨迹线

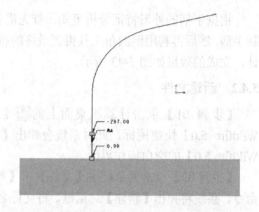

图 5-47　切换轨迹线始点

温馨提示：利用【参照】下滑板中【细节】选项的"反向"按钮也可切换起始点。

【步骤 04】单击操控板中的【截面】按钮，弹出"截面"上滑板。选取扫描轨迹线的起始点定位第一截面图，再单击【草绘】按钮完成如图 5-48 所示，点击 ✓ 按钮退出草绘模式。

【步骤 05】在弹出的"截面"上滑板选取【插入】，点选扫描轨迹线的第一切点定位第二截面图，如图 5-49 所示。按【草绘】按钮完成如图 5-50 所示，点击 ✓ 按钮退出草绘模式。

【步骤 06】返回弹出的"截面"上滑板中选取【插入】，点选扫描轨迹线的另一切点定位第三截面图，再按【草绘】按钮，完成如图 5-51 所示，点击 ✓ 按钮退出草绘模式。

【步骤 07】同样方法点选轨迹线末端点，如图 5-52 所示。完成第四截面，如图 5-53 所示。

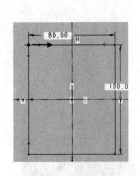

图 5-48　第一截面图

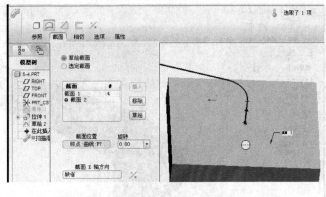

图 5-49　下滑板中"插入→选始点→草绘"

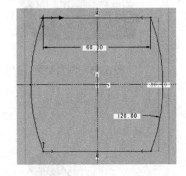

图 5-50　第二截面图

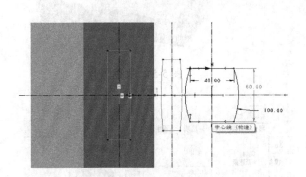

图 5-51　第三截面图

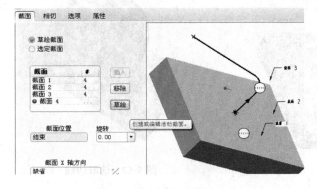

图 5-52　定位第四截面

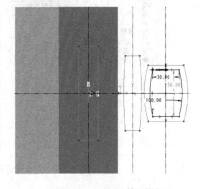

图 5-53　第四截面图

【步骤08】完成后点击✔按钮，退出草绘模式。单击"扫描混合"操控板中的□（创建实体）按钮，预览如图 5-54 所示。点击✔按钮，完成扫描混合特征设计。

5.4.5　生成圆角特征

【步骤01】单击【工程特征】工具栏中的⟍【倒圆角工具】按钮，弹出【圆角】操控板。

【步骤02】选择底座上表面以及侧面的各棱边共 12 条线作为第一组圆角，并设置圆角半径为 10，点击✔按钮，生成圆角特征，如图 5-55 所示。

【步骤03】单击⟍【倒圆角工具】按钮，选择操控板的"集"上滑板，同时选择手柄末端端面上两条互相平行的边作为参照，再单击【完全倒圆角】按钮，如图 5-56 所示。

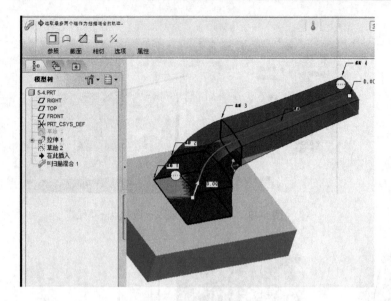

图 5-54　实体预览

图 5-55　圆角处理

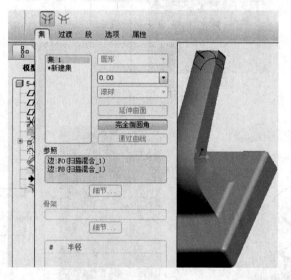

图 5-56　完全倒圆角

图 5-57　选取边线

【步骤 04】单击 　【倒圆角工具】按钮，选择把手上的两组边线，设置半径为 5，点击 ✔
按钮最终完成手柄绘制，如图 5-57 所示。

任务 5.5　绘制阀盖

5.5.1　设计分析

根据阀盖零件的外形特征分析，首先需要拉伸生成阀底座，接着利用旋转工具构建回转
体。放置有关工程特征并编辑，最后通过螺旋扫描工具创建外螺纹，得到最终的特征设计，
完成的效果如图 5-58 所示。

图 5-58　阀盖零件

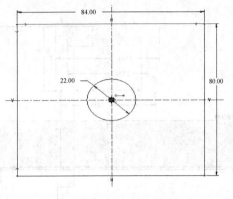

图 5-59　底板截面图

5.5.2　新建文件

【步骤 01】单击计算机桌面上的 📋【Pro/E Wildfire 5.0】快捷图标,此时系统会弹出【Pro/E Wildfire 5.0】的空白操作界面。

【步骤 02】单击菜单栏中【文件】|【新建】命令,系统将弹出【新建】对话框。将文件名改为"5-5",取消【使用缺省模板】,单击【确定】按钮。点选【mmns_part_solid】公制模板文件,单击【确定】按钮,即可进入零件设计的工作界面。

5.5.3　绘制底座

【步骤 01】单击【基础特征】工具栏中的 🗗【拉伸工具】按钮,弹出"拉伸"操控板。单击【基准】工具栏中的 🔨【草绘工具】按钮,弹出"草绘"对话框。

【步骤 02】在"草绘"对话框选择 TOP 基准面作为草绘平面,其它参数默认进入草绘模式。

【步骤 03】绘制矩形草图 84×80,如图 5-59 所示,完成后点击 ✔ 按钮,退出草绘模式。

【步骤 04】在"拉伸"操控板中将深度数值更改为 11, 点击 ✔ 按钮,完成拉伸特征。

5.5.4　绘制回转体

【步骤 01】单击【基础特征】工具栏中的 ♠️【选转工具】按钮,弹出"旋转"操控板。单击【基准】工具栏中的 🔨【草绘工具】按钮,弹出"草绘"对话框。

【步骤 02】选择 FRONT 基准面为草图绘制平面,其它参数接受系统默认,单击【草绘】按钮,进入草图绘制模式。

【步骤 03】绘制剖面完成如图 5-60 所示的剖面。点击 ✔ 按钮,退出草绘模式。

【步骤 04】确认"旋转"操控板中的旋转角度为 360°,点击 ✔ 按钮,生成回转体特征。

【步骤 05】单击【基础特征】工具栏中的 ♠️【选转工具】按钮,在"旋转"操控板中单击【移除材料】 ◿ 按钮。

【步骤 06】单击 🔨【草绘工具】按钮,在"草绘"对话框中点击"使用先前的"按钮,单击【草绘】按钮,进入草绘界面。完成如图 5-61 所示的剖面,点击 ✔ 按钮,进入实体界面。

【步骤 07】确认"旋转"操控板中的旋转角度为 360°,点击 ✔ 按钮生成回转体切口特征。

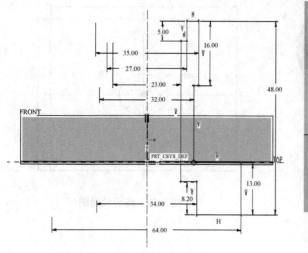

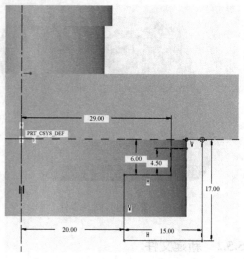

图 5-60　旋转剖面　　　　　　　　　　　　　图 5-61　旋转切除特征

5.5.5　放置特征

【步骤 01】单击【工程特征】工具栏中  【倒圆角工具】按钮，弹出【倒圆角】操控板。

【步骤 02】选择底座四条侧棱，并设置圆角半径为 13，生成圆角特征如图 5-62 所示。

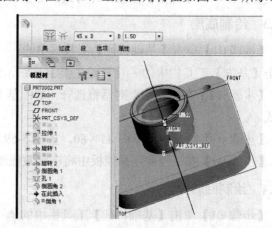

图 5-62　倒圆角特征　　　　　　　　　　　　图 5-63　倒角特征

【步骤 03】单击【工程特征】工具栏中的  【倒角工具】按钮，弹出【倒角】操控板。在"倒角工具"操控板上，选择标注形式"DXD"，在 D 尺寸框中输入"1.5"。

【步骤 04】选择边参照，如图 5-63 所示，单击完成 ✔ 按钮，完成倒角特征。

【步骤 05】单击【工程特征】工具栏中的  【孔特征】按钮，弹出【孔特征】操控板。

【步骤 06】将孔放置在阀盖底面，孔特征的中心距"FRONT"基准面和"RIGHT"基准面的距离均为 30mm，如图 5-64 所示。

【步骤 07】单击  【草绘工具】按钮和  按钮，绘制剖面如图 5-65 所示，完成草绘孔。

【步骤 08】单击【工程特征】工具栏中的  【倒圆角工具】按钮，选择如图 5-66 所示的圆弧边。输入半径"0.5"点击 ✔ 按钮，完成倒圆角特征。

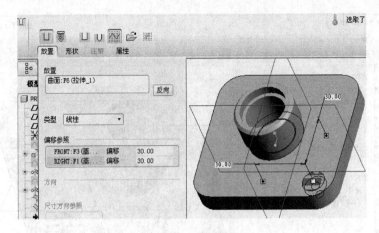

图 5-64　孔放置定位

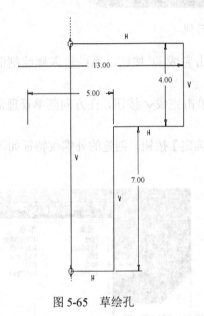

图 5-65　草绘孔

图 5-66　草绘孔倒圆角

5.5.6　组阵列草绘孔

【步骤 01】按住 Ctrl 键，选择草绘孔和倒圆角特征，右击并点选"组"选项。

【步骤 02】单击 ▦ 【阵列工具】按钮，弹出【阵列】操控板，选择"尺寸"方式。

【步骤 03】打开"尺寸"下滑面板，单击模型中尺寸"30"，并在方向 1 的"增量"栏里输入"–60"。单击方向 2 中的"一个项目"，单击模型中尺寸"30"，并在方向 2 的"增量"栏里输入"–60"，如图 5-67 所示。单击完成 ✔ 按钮，完成草绘孔组特征阵列。

5.5.7　创建外螺纹

【步骤 01】单击主菜单中【插入】|【螺旋扫描】|【切口】，弹出"切剪：螺旋扫描"对话框和【菜单管理器】，选择【常数】|【穿过轴】|【右手定则】|【完成】。

【步骤 02】选择 FRONT 基准面，单击【确定】|【缺省】，进入草绘模式。

【步骤 03】绘制如图 5-68 所示的扫描轨迹草图；注意先绘制垂直的中心线，再绘制轨迹，该轨迹定义了扫描的方向和长度，单击完成 ✔ 按钮。

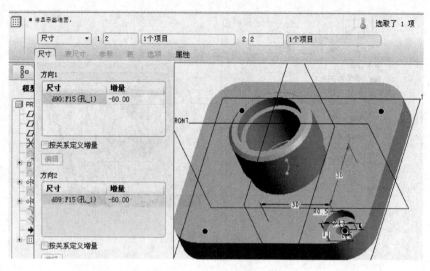

图 5-67 草绘孔阵列

【步骤 04】在操控板上输入节距值"2"，单击完成 ✔ 按钮，系统进入螺纹剖面绘制界面。

【步骤 05】绘制正三角形剖面如图 5-69 所示，单击完成 ✔ 按钮，在方向菜单管理器中选择确定。

【步骤 06】单击"切剪：螺旋扫描"对话框的【确定】按钮，创建的外螺纹特征如图 5-70 所示。阀盖整体特征如图 5-71 所示。

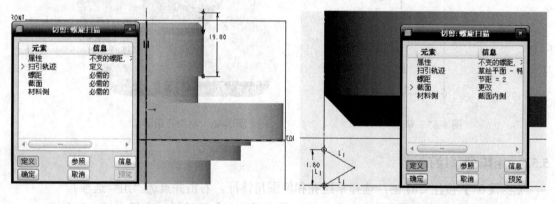

图 5-68 定义螺纹轨迹   图 5-69 螺纹扫描剖面

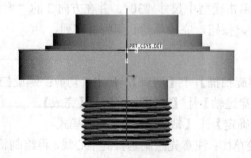

图 5-70 外螺纹特征   图 5-71 阀盖零件

任务 5.6　绘制敞口瓶

5.6.1　设计分析

　　根据敞口瓶零件的外形特征分析，首先需要拉伸生成敞口瓶主体，放置有关工程特征并编辑，最后通过螺旋扫描工具创建瓶口外螺纹，得到最终的特征设计如图 5-72 所示。

图 5-72　敞口瓶零件

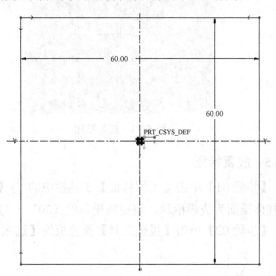
图 5-73　底座截面图

5.6.2　新建文件

　　【步骤 01】单击计算机桌面上的 【Pro/E Wildfire 5.0】快捷图标，此时系统会弹出【Pro/E Wildfire 5.0】的空白操作界面。

　　【步骤 02】单击菜单栏中【文件】|【新建】命令，系统将弹出【新建】对话框。将文件名改为"5-6"，取消【使用缺省模板】，单击【确定】按钮。点选【mmns_part_solid】公制模板文件，单击【确定】按钮，即可进入零件设计的工作界面。

5.6.3　绘制主体

　　【步骤 01】单击【基础特征】工具栏中的 【拉伸工具】按钮，弹出"拉伸"操控板。单击【基准】工具栏中的 【草绘工具】按钮，弹出"草绘"对话框。

　　【步骤 02】在"草绘"对话框中选择 TOP 基准面作为草绘平面，其它参数接受系统默认，单击【草绘】按钮，进入草图绘制模式。

　　【步骤 03】绘制草图 60×60，如图 5-73 所示，完成后点击✔按钮，退出草绘模式。

　　【步骤 04】在"拉伸"操控板中将深度数值更改为 60，点击✔按钮，完成拉伸特征。

5.6.4　绘制瓶颈

　　【步骤 01】单击【基础特征】工具栏中的 【拉伸工具】按钮，弹出"拉伸"操控板。单击【基准】工具栏中的 【草绘工具】按钮，弹出"草绘"对话框。

　　【步骤 02】在"草绘"对话框中选择正方体顶部作为草绘平面，其它参数接受系统默认，单击【草绘】按钮，进入草图绘制模式。

【步骤03】绘制草图ϕ50 如图 5-74 所示，完成后点击 ✔ 按钮，退出草绘模式。

【步骤04】在"拉伸"操控板中将深度数值更改为30，点击 ✔ 按钮完成如图 5-75 所示。

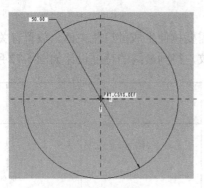

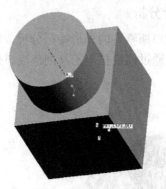

图 5-74　瓶盖草图　　　　　　　　　　图 5-75　主体特征

5.6.5　放置特征

【步骤01】单击【工程特征】工具栏中的 ⬭ 【拔模工具】按钮；选择圆柱面为拔模面，圆柱体顶面为拔模枢轴。调整拔模角度（30°）与方向，如图 5-76 所示。

【步骤02】单击【拔模工具】操控板的【选项】设置如图 5-77 所示，点击 ✔ 按钮完成。

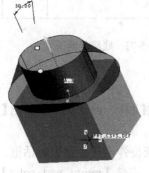

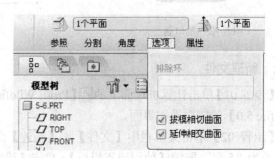

图 5-76　瓶颈拔模　　　　　　　　　　图 5-77　"选项"设置

【步骤03】单击 ⬭ 【拉伸工具】按钮，创建一个高 15 的圆柱体，如图 5-78 所示。

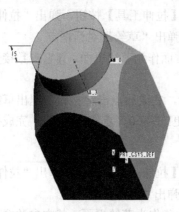

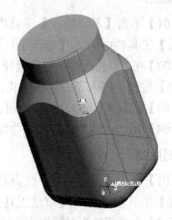

图 5-78　创建圆柱体　　　　　　　　　　图 5-79　创建倒圆角

【步骤04】单击【工程特征】工具栏中 ↘【倒圆角工具】按钮，弹出【倒圆角】操控板。

【步骤05】选择底座四条侧棱和四条底边，设置圆角半径为15，生成第一组圆角特征，如图 5-79 所示。

【步骤 06】再使用【倒圆角】工具，选择圆柱底边和弧段，设置圆角半径为 8，生成第二组圆角特征，如图 5-80 所示。

图 5-80　创建倒圆角　　　　图 5-81　创建旋转剖面　　　　图 5-82　倒圆角特征

5.6.6　挖切与抽壳

【步骤01】单击【基础特征】工具栏中的 ⚙【选转工具】按钮，弹出"旋转"操控板。单击【基准】工具栏中的 ▦【草绘工具】按钮，弹出"草绘"对话框。

【步骤02】选择 FRONT 基准面为草图绘制平面，其它参数接受系统默认，单击【草绘】按钮，进入草图绘制模式。完成如图 5-81 所示的剖面，点击 ✔ 按钮。

【步骤03】确认"旋转"操控板中的旋转角度为360°，单击【移除材料】◺ 按钮；调整移除方向，生成回转体特征并创建倒圆角 $R5$，完成如图 5-82 所示的特征。

【步骤04】单击【工程特征】工具栏中的 ▣【抽壳工具】按钮，选择瓶顶面为去除材料面，设置厚度2，完成抽壳特征。

5.6.7　创建螺纹

【步骤01】单击主菜单中【插入】|【螺旋扫描】|【伸出项】，选择【常数】|【穿过轴】|【右手定则】|【完成】。

【步骤02】选择 FRONT 平面为扫描轨迹线的草绘平面，单击【确定】|【缺省】进入。

【步骤03】绘制如图 5-83 所示的草图；注意先绘制垂直的中心线，再绘制轨迹。该轨迹定义了扫描的方向和长度，单击完成 ✔ 按钮。

【步骤 04】在操控板输入节距值为"25"，单击完成 ✔ 按钮，系统进入螺纹剖面绘制界面。

【步骤05】绘制扫描截面圆如图 5-84 所示，单击完成 ✔ 按钮，在【伸出项：螺旋扫描】中选择【确定】按钮，生成如图 5-85 所示的螺纹。

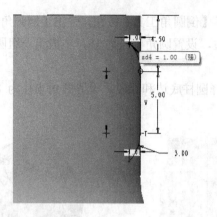

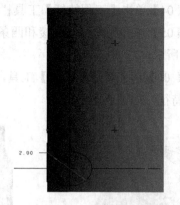

图 5-83　扫描轨迹线　　　　　　　　　图 5-84　绘制扫描截面圆

【步骤06】单击 ▦【阵列工具】按钮，弹出【阵列】操控板，选择"轴"阵列方式。

【步骤07】选择特征中心线作为旋转轴，阵列数目 5，阵列角度 72°完成如图 5-86 所示。

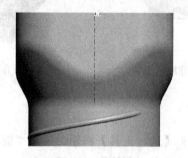

图 5-85　螺纹生成　　　　　　　　　　图 5-86　螺纹阵列

5.6.8　添加花纹

【步骤01】单击【基准】工具栏中的 ▨【草绘工具】按钮，弹出"草绘"对话框。

【步骤02】选择瓶子正面为草图绘制平面，其它参数接受系统默认，单击【草绘】按钮，进入草图绘制环境。完成如图 5-87 所示的剖面，单击 🖫 保存按钮，默认保存二维截面图。

【步骤 03】单击【草绘】|【数据来自文件】|【文件系统】命令，打开刚才保存的文件，鼠标在草绘图中选择放置点，输入缩放比例 0.6 如图 5-88 所示，单击 ✔ 按钮。

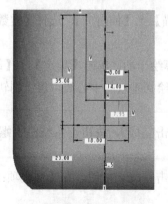

图 5-87　绘制剖面　　　　　　　　　　图 5-88　截面调整选项

【步骤 04】单击【草绘】|【数据来自文件】|【文件系统】命令,打开刚才保存的文件,鼠标在草绘图中选择放置点,输入缩放比例 0.4 单击 ✔ 按钮,完成花纹截面如图 5-89 所示。

【步骤 05】单击 ⬚ 【拉伸工具】按钮,设置深度为 2,创建如图 5-90 所示的花纹特征。

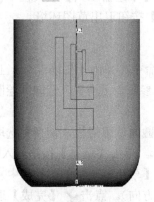

图 5-89　截面添加完成

图 5-90　敞口瓶特征

任务 5.7　绘制工业吊钩

5.7.1　设计分析

吊钩零件常用于场外吊车、工业吊车装置,具备一定的承重能力。根据吊钩零件的外形特征分析,首先需要通过扫描混合生成吊钩部分主体;接下来放置有关工程特征并编辑,最后通过螺旋扫描工具创建吊钩瓶颈外螺纹,得到最终的特征设计如图 5-91 所示。

图 5-91　工业吊钩

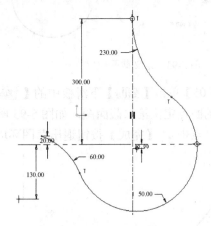

图 5-92　绘制基准曲线

5.7.2　新建文件

【步骤 01】单击计算机桌面上的 🖳【Pro/E 5.0】快捷图标,系统进入一个新的操作界面。

【步骤 02】单击菜单栏中【文件】|【新建】命令,系统将弹出【新建】对话框。将文件名改为 "5-7",取消【使用缺省模板】,单击【确定】按钮。点选【mmns_part_solid】公制模板文件,单击【确定】按钮,即可进入零件设计的工作界面。

5.7.3 绘制基准曲线

【步骤 01】单击【基准】工具栏中的 ✏️【草绘】按钮，选择 FRONT 基准面为草图绘制平面，其它参数接受系统默认，进入草图绘制模式。

【步骤 02】绘制如图 5-92 所示的基准曲线，利用【草绘器工具】工具栏中 ✏️【分割】命令在曲线与 TOP 基准面交点处断开。点击 ✔️【完成】按钮退出草图环境。

5.7.4 创建扫描混合特征

【步骤 01】单击主菜单【插入】|【扫描混合】命令，弹出【扫描混合】工具操控板。

【步骤 02】单击操控板中的【参照】按钮，打开"参照"下滑板，选取才绘制的基准曲线为扫描轨迹线。

【步骤 03】单击操控板中【截面】按钮，打开"截面"下滑板，切换并选取扫描轨迹线的起始点（上端点）定位第一截面图，如图 5-93 所示。单击【草绘】按钮进入草绘模式。

【步骤 04】完成图 5-94 所示的第一截面圆。使用【草绘器工具】工具栏中 ✏️【分割】按钮，在其与两相垂直参照线交点处分割（注意始点和方向）。点击 ✔️【完成】退出草绘。

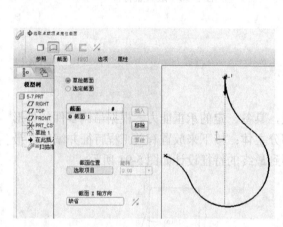

图 5-93　定义截面位置

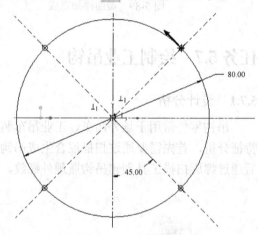

图 5-94　绘制第一截面图

【步骤 05】单击【截面】下滑板中的【插入】按钮添加截面 2，按（Ctrl+D）键选取 5.7.3 步骤求得的断点定位第二截面图，如图 5-95 所示。单击【草绘】按钮，进入草绘模式完成第二截面图。点击 ✔️【完成】按钮退出草图环境。

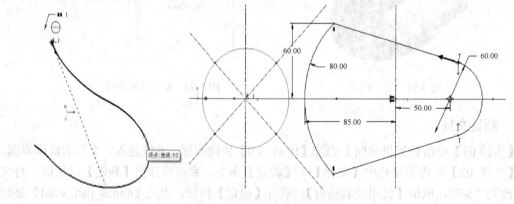

图 5-95　定位并绘制第二截面图

【步骤 06】同样方法选取轨迹线终点定位第三截面图，完成如图 5-96 所示的第三截面图。

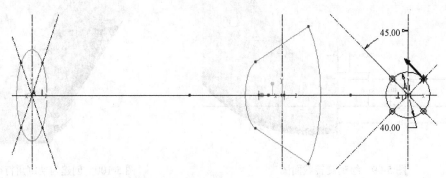

图 5-96　定位并绘制第三截面图

【步骤 07】选择扫描混合操控板中 ▢【创建一个实体】按钮，单击 ✔【完成】按钮生成扫混特征，如图 5-97 所示。

【步骤 08】单击【工程特征】工具栏中 ⌒【倒圆角】按钮，设置尺寸 *R*15，如图 5-98 所示。

5.7.5　旋转勾柄特征

【步骤 01】单击 ⬦【旋转】按钮，单击 ▨【草绘】按钮，选择 FRONT 基准面为草绘平面。

【步骤 02】设置草绘视图参照方向为"顶"，单击【草绘】按钮，进入草图绘制模式。完成如图 5-99 所示的剖面，点击 ✔【完成】按钮，退出草绘模式。

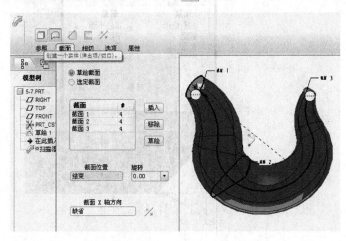
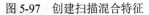

图 5-97　创建扫描混合特征　　　　　　　　　图 5-98　创建倒圆角

【步骤 03】采用默认的旋转角度 360°，单击 ✔【完成】按钮生成回转体特征。创建倒角特征 *C*10，设置倒角形式为"DXD"。完成如图 5-100 所示的勾柄特征。

5.7.6　剪切螺纹

【步骤 01】单击主菜单中【插入】|【螺旋扫描】|【切口】命令，弹出"切剪：螺旋扫描"对话框和属性【菜单管理器】，选择【常数】|【穿过轴】|【右手定则】|【完成】。

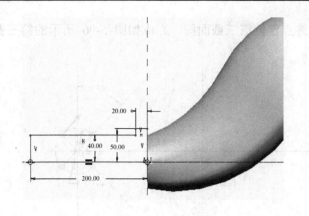

图 5-99　绘制旋转截面图　　　　　　　　　　　　图 5-100　创建勾柄倒角特征

【步骤 02】选择 FRONT 基准面，单击【确定】｜【缺省】，进入草绘模式。

【步骤 03】绘制如图 5-101 所示的草图；注意先绘制垂直的中心线，再绘制轨迹，该轨迹定义了扫描的方向和长度。单击 ✔【完成】按钮，退出草绘环境。

【步骤 04】在操控板上输入节距值 "15"，单击【完成】✔ 按钮，系统进入螺纹剖面绘制界面。

【步骤 05】绘制正三角形剖面如图 5-102 所示，单击 ✔【完成】按钮，在弹出的 "方向" 菜单管理器中选择【确定】。

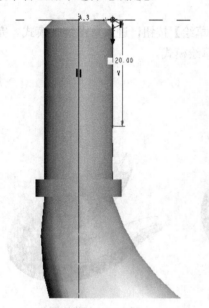

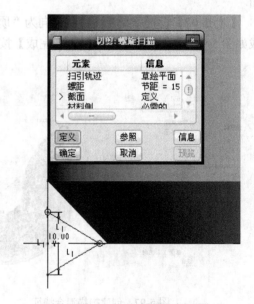

图 5-101　绘制扫描轨迹线　　　　　　　　　　　　图 5-102　创建螺纹剖面图

【步骤 06】单击 "切剪：螺旋扫描" 对话框的【确定】按钮，创建出螺纹切剪特征。

【步骤 07】单击【工程特征】工具栏中的 ⌒【倒圆角】按钮，弹出【倒圆角】操控板。选取如图 5-103 所示模型边线，设置圆角半径 20。单击 ✔【完成】按钮，创建吊钩总体特征，如图 5-104 所示。

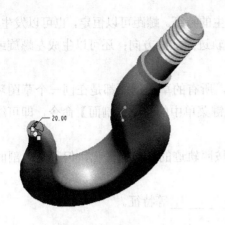

图 5-103　倒圆角

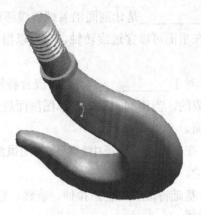

图 5-104　吊钩特征

项目知识点

本项目通过构建晾衣架、花瓶、手柄、阀盖、工业吊钩等零件的造型，主要运用了 Pro/E Wildfire 5.0 的高级特征功能。使读者能够掌握扫描、混合、扫描混合及螺旋扫描等高级特征工具。同时进一步复习基础特征的构建方法，熟悉应用其它常用的命令。

实践与练习

1. 选择题

1）扫描混合指令有两个要素，分别是扫描轨迹和扫描（　　　）。

A．平面　　　　B．起点　　　　C．截面　　　　D．参考平面

2）在 Pro/ENGINEER Wildfire5.0 中，扫描特征主要分为（　　　）种。

A．2　　　　　B．3　　　　　C．4　　　　　D．5

3）在 Pro/ENGINEER Wildfire5.0 中，有（　　　）种添加截面方法。

A．2　　　　　B．3　　　　　C．4　　　　　D．5

4）扫描混合限于（　　　）截面。

A．2　　　　　B．3　　　　　C．4　　　　　D．若干个

5）_____特征是草图截面沿着轨迹曲线延伸生成实体的造型方法。

A．拉伸　　　　B．旋转　　　　C．扫描　　　　D．混合

2. 填空题

1）扫描轨迹的建立方式有两种，分别是_____ 和_____。

2）混合特征构建的原则：按特定_____，连接两个或两个以上的_____形成_____。

3）_____是让剖面沿着螺旋线移动而产生的特征。螺距可以恒定，也可以发生变化；截面所在平面可以穿过旋转轴，也可以指向扫描轨迹的法线方向；还可以生成左螺旋或者右螺旋。

4）对于_____类型的混合特征而言，所有的草图剖面都是在同一个草图环境下绘制完成的，当绘制完成一个草图剖面后选择右键菜单中的【切换剖面】命令，即可绘制另一个剖面。

5）在_____特征中，草图剖面虽然可以按照轨迹的变化而变化，但其基本剖面形态是不变的。

6）基础特征主要包括拉伸、旋转、扫描和_____等特征。

3. 判断题

1）扫描特征构建原则：建立一条"扫描轨迹路径"，而草绘截面沿此轨迹移动形成最后结果。　　　　　　　　　　　　　　　　　　　　　　　　　　　　　（　　）

2）扫描混合就是扫描和混合两个指令的混合体。　　　　　　　　　　（　　）

3）扫描混合只限于两个截面。　　　　　　　　　　　　　　　　　　（　　）

4. 操作题

完成下面特征造型：

1）

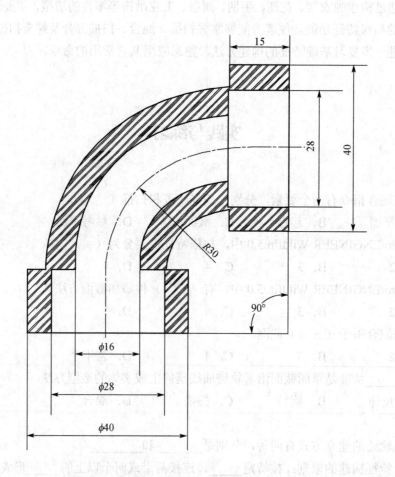

2）

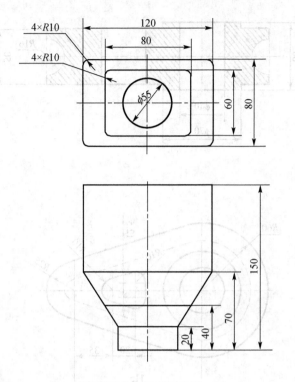

3）

4）

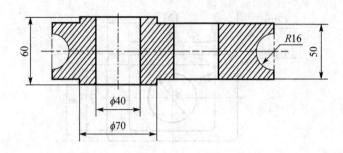

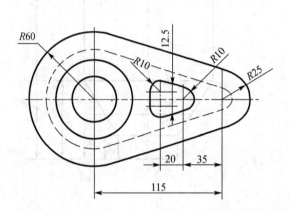

5）

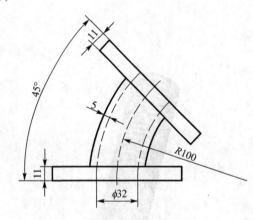

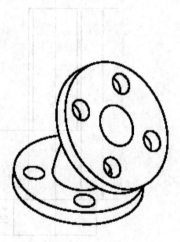

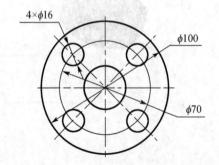

6）

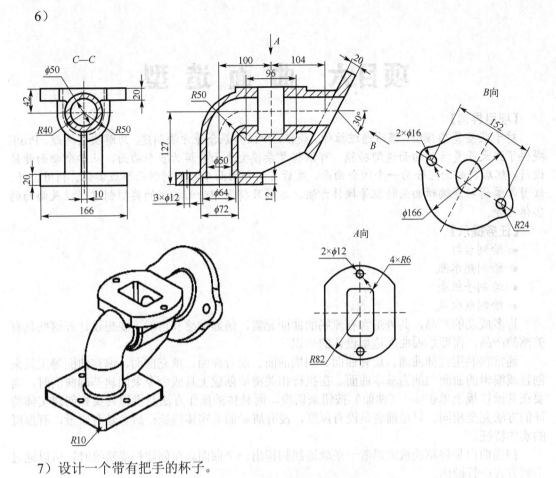

7）设计一个带有把手的杯子。

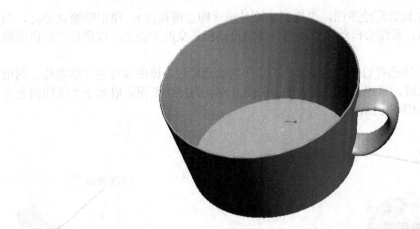

项目六 曲面造型

【项目导读】

对于某些复杂模型，很难通过拉伸、旋转、扫描和混合等方法创建。为解决该问题，Pro/E 提供了强大而灵活的曲面造型功能。可以将复杂模型表面分解为多个曲面，从单个曲面开始设计，然后将曲面组合为一个闭合曲面，最后在闭合曲面中添加材料而形成实体。利用合并、修剪等编辑功能编辑曲面特征等操作方法，本项目将介绍曲面特征的典型创建，以及曲面的实体化等。

【任务提示】

- 绘制台灯
- 绘制热水瓶
- 绘制手机壳
- 绘制电吹风

许多成功的产品，其外形含有流畅的曲面元素，倍显动感和自然。要想设计好这些具有美感的产品，需要掌握曲面造型设计的知识。

通常将利用拉伸曲面、旋转曲面、扫描曲面、混合曲面、填充曲面、偏移曲面等工具来创建或编辑的曲面归纳为基本曲面。在执行相关特征创建工具或命令来创建基础曲面时，需要在其操控板上单击 🔲（曲面）按钮来切换，而具体的操作方法及步骤其实和创建实体特征的方法完全相同。只是前者是没有厚度，没有质量的非实体特征；后者是有质量，有厚度的实体特征。

扫描曲面是将草绘截面沿着一条轨迹线扫描出一个曲面。在创建扫描轨迹时，可以通过下列方式进行操作。

- 草绘轨迹：先设置草绘平面，再绘制轨迹外形（即二维曲线），使用草绘轨迹时，当扫描轨迹绘制完成后，系统会自动切换视角与该轨迹路径正交的平面上，以进行二维曲面的绘制。

- 选取轨迹：选择已有的曲线或实体上的边作为轨迹路径，该曲线可为三维曲线。利用已绘制曲线为扫描轨迹，系统会提示其水平参照面方向（为扫描剖面选取水平平面的向上方向）。如图 6-1 所示扫描曲面示例。

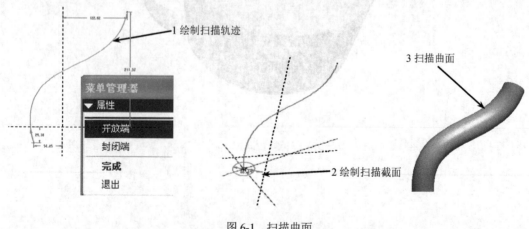

图 6-1 扫描曲面

下面通过曲面设计造型的工作案例，渐进学习相关的功能和技巧。

任务 6.1 台灯的造型设计

6.1.1 设计分析

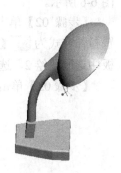

本任务通过台灯模型的设计来学习扫描、混合等工具的使用技巧和曲面修剪，填充、加厚等编辑功能的操作方法。功能上力求使用性能良好，外观优美耐用。

根据台灯的结构，扫描出台灯的灯罩曲面，使用拉伸除料将曲面修剪，利用混合特征创建灯杆与灯罩连接过渡处，再用扫描创建出灯杆。将所创建的曲面依次进行加厚，修剪出最佳效果，最后使用拉伸创建出底座与灯杆连接部位，并将底座进行倒角处理，最终效果如图6-2所示。

6.1.2 创建灯罩

图 6-2 台灯模型

【步骤01】单击下拉菜单选择【插入】|【扫描】|【曲面】选项，打开"曲面:扫描"对话框。选择草绘轨迹，选取 RIGHT 基准面为草绘平面，TOP 基准面为左参照，绘制如图 6-3 所示的扫描轨迹线。

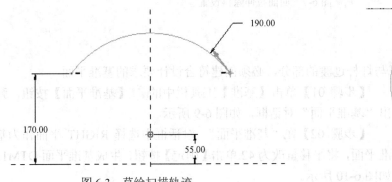

图 6-3 草绘扫描轨迹

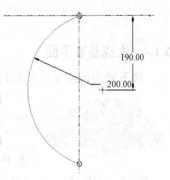

图 6-4 草绘截面

【步骤02】绘制完成扫描轨迹后，在"曲面:扫描"对话框中选择"属性"菜单中的"开放端"选项。进入草绘环境，绘制扫描截面图，如图6-4所示。

【步骤03】草绘截面后单击 ✔【完成】按钮退出草绘。继续单击"曲面:扫描"对话框中的【确定】按钮，完成扫描曲面的创建，如图6-5所示。

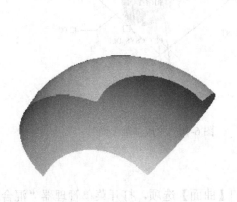

图 6-5 扫描曲面

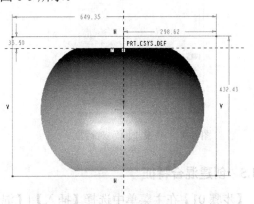

图 6-6 绘制草绘截面

6.1.3　修剪灯罩

用"拉伸除料"对上一步构造的曲面进行修剪。

【步骤 01】草绘截面，草绘平面为 FRONT 基准面，TOP 基准面为左参照，绘制截面如图 6-6 所示。

【步骤 02】单击 🔲【拉伸】工具，弹出"拉伸"操作面板。选择 🔲【拉伸为曲面】，设置拉伸方式为 ⬆️【指定深度】，数值为 255；单击 🔲【移除材料】按钮并调整方向，放置面板中选取草绘 2，选取上一步构造的曲面作为修剪对象，其设置如图 6-7 所示。

【步骤 03】单击窗口右上角 ✔️【应用并保存】按钮，生成图 6-8 所示效果。

图 6-7　曲面拉伸除料设置

6.1.4　生成基准平面

接下来为再创建灯罩与灯杆过渡的部分，必须创建符合设计要求的基准平面。

【步骤 01】单击【基准】工具栏中的 🔲【基准平面】按钮，弹出"基准平面"对话框，如图 6-9 所示。

【步骤 02】在"基准平面"对话框中选择 RIGHT 平面作为基准平面，将平移量改为 42.单击【确定】按钮，生成基准平面 DTM1，如图 6-10 所示。

图 6-8　拉伸除料

图 6-9　"基准平面"对话框

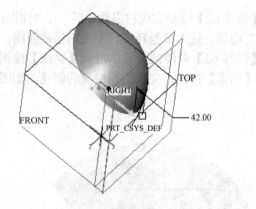

图 6-10　生成基准平面

6.1.5　创建混合特征

【步骤 01】在主菜单中选择【插入】|【混合】|【曲面】选项，打开菜单管理器"混合选

项"，选择【平行】|【规则截面】|【草绘截面】|【完成】，如图 6-11 所示。

【步骤 02】选择【属性】|【光滑】|【开放端】|【完成】，如图 6-12 所示。

【步骤 03】选择【设置草绘平面】|【新设置】|【平面】，弹出"选择 1 个项目"菜单。在绘图区选取 DTM1 为草绘平面，点选确定，方向指向灯罩。草绘视图参照选取"底部"选取 FRONT 基准面为视图平面，设置分别为图 6-13 和图 6-14 所示。

图 6-11　混合选项　　图 6-12　属性选项　　图 6-13　设置草绘平面　　图 6-14　参照设置

【步骤 04】进入草图绘制模式，点击【草绘】|【参照】选项，打开参照对话框，选取灯罩底边作为参照，单击【关闭】按钮，如图 6-15 所示。

【步骤 05】分别绘制截面 1 和截面 2，如图 6-16 所示。

温馨提示：绘制截面 1 后在【草绘】下拉菜单中选【特征工具】|【切换截面】，截面 1 变灰暗，再开始绘制截面 2，并注意两截面起始点的位置和方向要一致。

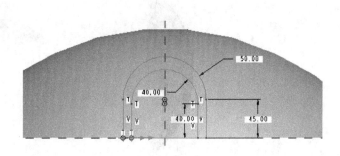

图 6-15　添加"参照"　　　　　　　　　　图 6-16　草绘混合截面

【步骤 06】单击 ✔【完成】按钮退出。盲孔深度为 150，混合效果如图 6-17 所示。

图 6-17　混合曲面特征　　　　　　　　　图 6-18　选取四条边

6.1.6　创建填充曲面

【步骤 01】单击主菜单选择【编辑】|【填充】选项，DTM1 为草绘面，FRONT 为底部参照，单击草绘进入草绘模式。在草绘器工具中选择【边】|【使用】选项，依次选截面 1 的各边，如图 6-18 所示。

【步骤 02】完成草绘，单击窗口右上角 ✔【应用并保存】按钮，生成图 6-19 所示效果。

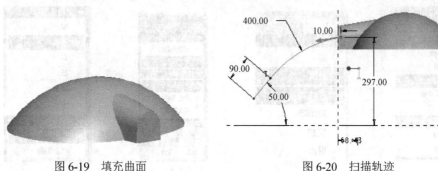

图 6-19　填充曲面　　　　　　　　　图 6-20　扫描轨迹

6.1.7　创建扫描特征

【步骤 01】单击下拉菜单选择【插入】|【扫描】|【曲面】选项，打开"曲面：扫描"对话框。选择草绘轨迹，选取 TOP 基准面为草绘平面，DTM1 基准面为右参照，绘制如图 6-20 所示的扫描轨迹线。

【步骤 02】设置属性为开放端，进入草绘模式绘制并完成图 6-21 所示截面。选【预览】滚动滑轮观察，单击【确定】按钮，退出"曲面：扫描"对话框即生成图 6-22 所示效果。

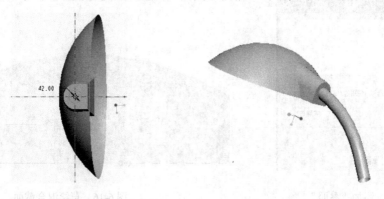

图 6-21　草绘截面　　　　　　　　　图 6-22　扫描特征

6.1.8　曲面修剪

【步骤 01】选中要修剪的混合曲面，单击 ◻【修剪】按钮，弹出【修剪】操控面板。

【步骤 02】打开【修剪】操控板【参照】选项，选择灯罩曲面作为修剪对象，显示图 6-23 所示状态。注意箭头保留方向，单击窗口上方 ✔【应用并保存】，生成图 6-24 所示效果。

【步骤 03】同样的方法修剪扫描曲面；以扫描曲面作为被修剪的面组，选取填充曲面作为修剪对象，如图 6-25 所示，修剪完成效果如图 6-26 所示。

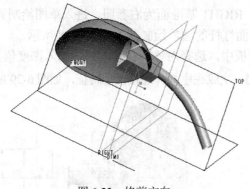

图 6-23　修剪方向

图 6-24　修剪效果

图 6-25　两相交曲面

图 6-26　修剪效果

　　温馨提示： 两相交的面组，可以是与修剪面、相交的面或修剪面组上的曲线，通过曲面修剪功能，修剪到其相交的边界。首先选择修剪面组，单击 ⬚【修剪】按钮，选修剪对象，选择修剪方向，确定就可以了。

6.1.9　曲面加厚

　　【步骤 01】选中要加厚的扫描曲面灯罩，单击下拉菜单选择【编辑】|【加厚】选项，弹出"加厚"操控面板，输入厚度值 8，单击窗口右上角 ✔【应用并保存】按钮。

　　【步骤 02】选中混合曲面，输入加厚值为 6。

　　【步骤 03】选中扫描曲面灯杆，输入加厚值为 6 。

　　三曲面加厚完成效果如图 6-27 所示。

图 6-27　加厚曲面

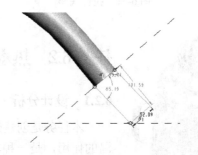

图 6-28　拉伸截面

6.1.10　创建拉伸特征

　　【步骤 01】单击【基础特征】工具栏中的 ☐【拉伸工具】按钮，弹出"拉伸"操控板。单击 ▧【草绘】工具按钮定义草绘放置。

【步骤 02】选择 TOP 基准面为草绘平面，RIGHT 基准面为右参照，进入草图绘制界面。使用下拉菜单【草绘】|【参照】，选取扫描曲面灯杆的边，绘制截面如图 6-28 所示。

【步骤 03】在拉伸操控板的【选项】下滑板中，选择对称⊟拉伸方式，输入深度值 80。

【步骤 04】单击窗口上方 ✓【应用并保存】，生成底座与杆连接部分特征，如图 6-29 所示。

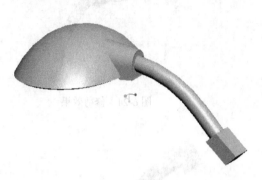
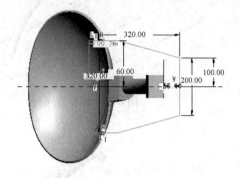

图 6-29   拉伸特征   图 6-30   底座草绘截面

【步骤 05】使用上一步拉伸出来的底面为草绘平面，TOP 基准面为顶部参照，进入草绘模式。绘制如图 6-30 所示截面，单向向外拉伸 65，拉伸完成效果如图 6-31 所示。

【步骤 06】单击【基础特征】工具栏中 ⌒【倒圆角】按钮，选择底座的上表面边，倒半径为 R6；四周边的倒半径为 R10。完成效果如图 6-32 所示，至此台灯造型完毕。

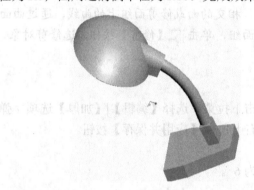

图 6-31   拉伸底座   图 6-32   倒圆角

任务 6.2   热水瓶的造型设计

6.2.1   设计分析

图 6-33   热水瓶模型

本任务是创建热水瓶模型，效果如图 6-33 所示。热水瓶具有保温的作用，是一种非常常见的生活用品，差不多每家每户都有一两个。创建该模型时，首先利用"草绘"工具绘制出基准曲线，然后利用"边界混合"工具创建出瓶嘴部分，接着利用"旋转"工具创建出盖身部分曲面，再利用"扫描"工具创建出把手部位，最后利用"合并"工具对曲面进行合并，利用"倒圆角"工具添加工艺倒角，完成上述步骤后再利用"曲面加厚"工具对曲面进行加厚处理，即可完成整个模型创建。

6.2.2　创建瓶嘴

【步骤01】单击【基准】工具栏中的 ✎【草绘】工具按钮，弹出"草绘"对话框。选择 TOP 面为草绘平面，RIGHT 为右参照，进入草图绘制模式，绘制草绘1如图6-34所示。

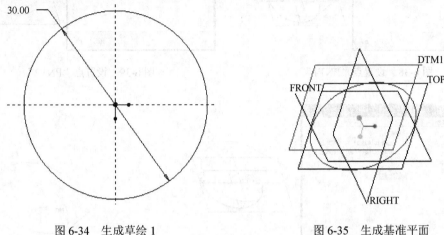

图6-34　生成草绘1　　　　　　　　　　　图6-35　生成基准平面

【步骤02】单击【基准】工具栏中的 ▱【基准平面】按钮，弹出"基准平面"对话框，选择 TOP 面为参照面，将平移量改为16，单击【确定】按钮，生成基准平面，如图6-35所示。

【步骤03】单击【基准】工具栏中的 ✎【草绘】工具按钮，弹出"草绘"对话框选择刚生成的 DIM1 面为草绘平面，RIGHT 为右参照，进入草图绘制模式，绘制草绘2如图6-36所示。

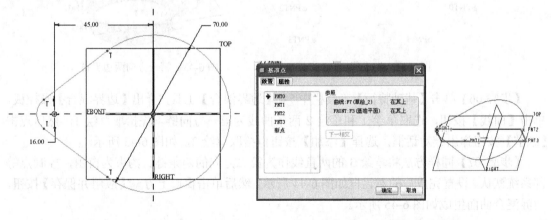

图6-36　生成草绘2　　　　　　　　　　　图6-37　设置点"PNT0"

【步骤04】单击【基准】工具栏中的 ⋈【点】工具按钮，弹出"基准点"对话框。首先设置点 PNT0，按住 Ctrl 键选择草绘2左边弧线和 FRONT 面，如图6-37所示。然后单击新点设置 PNT1，按住 Ctrl 键选择草绘1弧线和 FRONT 面，如图6-38所示。同样方法依次设置 PNT2、PNT3 如图6-39和图6-40所示，完成以上四个点的设置。单击【确定】按钮，退出"基准点"对话框，生成基准点如图6-41所示。

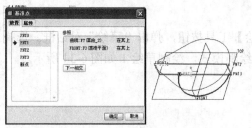

图 6-38　设置点"PNT1"

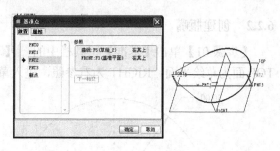

图 6-39　设置点"PNT2"

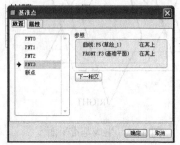

图 6-40　设置点"PNT3"

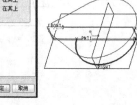

图 6-41　生成基准点

【步骤05】单击【基准】工具栏中的　【草绘工具】按钮，弹出"草绘"对话框选择 FRONT 面为草绘面，RIGHT 为右参照，进入草图绘制模式，绘制草绘3如图6-42所示。

图 6-42　生成草绘3

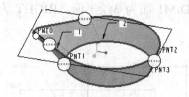

图 6-43　第一方向两边界链

【步骤06】单击【基础特征】工具栏中　【边界混合】工具，弹出【边界混合】操控板。单击【曲线】按钮，选取草绘1和草绘2两条曲线为第一方向链。先拾取草绘1，然后点击【细节】按钮弹出链对话框，选择【添加】按钮再拾取草绘2，如图6-43所示。

【步骤07】同样方法将草绘3的两直线作为第二方向的两条链。约束为自由，控制点等都系统默认。设置完成后的对话框如图6-44所示，然后单击窗口上方 ✔【应用并保存】按钮，边界混合曲面生成如图6-45所示。

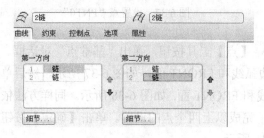

图 6-44　边界混合对话框

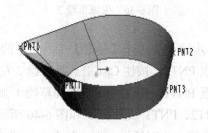

图 6-45　边界混合曲面

知识链接：边界混合特征将单/双方向的参照线作混合连接生成面组，各条参照线构成面组的网格，再通过定义控制点、边界条件及其它高级选项就能精确描述曲面形状。各方向首、末条参照线形成面组边界，而位于它们之间的参照线一般则形成面组内各组成面之间的连接边，边界混合面组内可以含有一或多个组成面，如图6-46所示。

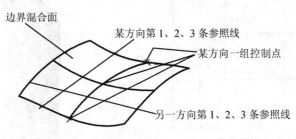

图 6-46 边界混合属性

具体操作：从主菜单中选择【插入】|【边界混合】命令或从工具栏中单击 ⌗ 按钮。系统弹出边界混合特征操作面板，单击【曲线】按钮为第一方向选取一组参照线，在选中首条线后按下 CTRL 键实现多选；单击【交叉线】按钮为第二方向选取一组参照线；单击【拟合曲线】按钮，选取一组拟合线；单击【控制点】按钮，在两个方向分别选取一系列控制点；单击【边对齐】按钮在两个方向的首、末参照线处控制其边界条件。单击【属性】按钮输入特征名称→单击 ∞ 按钮预览几何，单击完成 ✔ 按钮生成特征。

6.2.3 创建瓶身

【步骤 01】单击【基准】工具栏中的 ╱【轴】工具按钮，弹出"基准轴"对话框。按住 Ctrl 键选择 FRONT 基准面和 RIGHT 基准面确定基准轴，生成如图 6-47 所示基准轴 A_1。

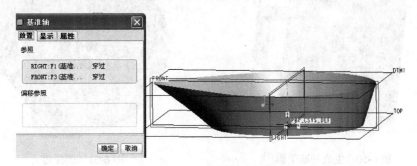

图 6-47 创建基准轴

【步骤 02】单击【基础特征】工具栏中的 ◈【旋转】工具按钮，弹出"旋转"操控板。选择 ◠【曲面】按钮，单击【放置】下滑板，定义草图绘制模式。

【步骤 03】在"草绘"对话框选择 FRONT 基准面为草绘平面，其它系统默认，单击【草绘】按钮，绘制如图 6-48 所示的草图。单击草绘器中 ✔【完成】按钮，点选定义基准轴 A_1 为旋转轴，单击窗口右上角 ✔【应用并保存】按钮，旋转曲面特征如图 6-49 所示。

6.2.4 填充曲面

【步骤 01】单击【基准】工具栏中的 ◻【平面】工具按钮，弹出"基准平面"对话框。选择 TOP 面为参照面，将平移量改为 140 并调整方向，单击【确定】按钮，生成基准平面 DTM2，如图 6-50 所示。

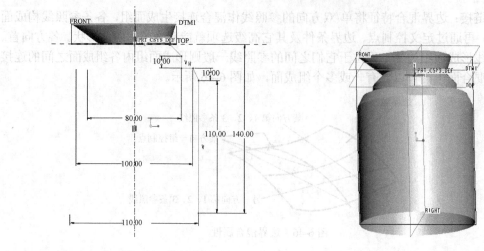

图 6-48　旋转草绘　　　　　　　　　　　图 6-49　旋转曲面

【步骤 02】单击主菜单中【编辑】|【填充】选项，选取 DTM2 为草绘面，RIGHT 面为底部参照反向，单击草绘进入草绘模式。在草绘器工具中选择【边】|【使用】选项，依次选取圆弧曲线，如图 6-51 所示。

【步骤 03】完成草绘，单击窗口上方 ✔【应用并保存】按钮，生成填充曲面如图 6-52 所示。

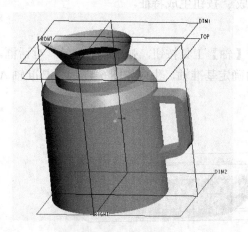

图 6-50　生成基准平面

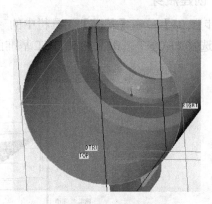

图 6-51　选择边

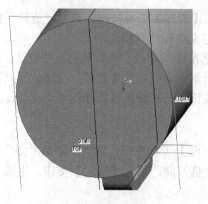

图 6-52　填充曲面

图 6-53　合并曲面

6.2.5 合并曲面

【步骤01】按住 Ctrl 键分别选中要合并的 3 个曲面，单击 ⊕【合并】工具按钮，弹出【合并】操控面板。

【步骤02】打开【合并】操控面板后，在绘图区中三个面被选中为合并状态如图 6-53 所示，单击窗口上方 ✔【应用并保存】按钮，完成曲面合并。

6.2.6 曲面加厚

【步骤01】选中合并完的热水瓶曲面为加厚对象，单击主菜单中【编辑】|【加厚】选项。弹出【加厚】操控面板，如图 6-54 所示。

图 6-54 【加厚】操控面板

【步骤02】输入厚度值 3，按 Enter 键或鼠标右键。然后单击窗口右上角 ✔【应用并保存】按钮，完成加厚特征。

温馨提示：加厚是通过对曲面面壁增加一定的厚度，使其转换成具有实际意义的实体模型。具体操作是首先选取曲面对象，然后选择【编辑】|【加厚】选项，打开加厚操控面板。在厚度文本内输入厚度值，并利用【反向】按钮调整操作方向，然后单击"确认"按钮，即可完成加厚操作。

6.2.7 创建手柄

【步骤01】在主菜单中选择【插入】|【扫描】|【伸出项】选项，打开"伸出项:扫描"对话框。选择草绘轨迹，选取 FRONT 基准面为草绘平面，单击【确定】|【缺省】选项，绘制如图 6-55 所示的扫描轨迹线（注意始点和方向）。

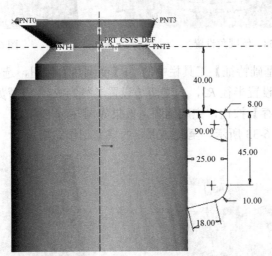

图 6-55 扫描轨迹线

【步骤02】绘制完成扫描轨迹后，单击 ✔【完成】按钮。在"伸出项:扫描"对话框的属性菜单管理器中选取"合并端"选项并完成。进入草绘环境，绘制截面如图 6-56 所示。

【步骤03】单击 ✔【完成】按钮退出草绘。选择"伸出项:扫描"对话框中【预览】按钮滚动滑轮动态观察，单击【确定】按钮，完成扫描伸出项的创建，如图 6-57 所示。

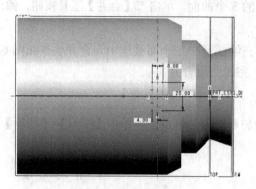

图 6-56 把手截面

图 6-57 扫描特征

6.2.8 倒圆角

【步骤 01】单击【基础特征】工具栏中的 【倒圆角】按钮，选择瓶颈部分的五个过渡边设置为一个集，倒圆角半径依次为 $R4$、$R4$、$R4$、$R6$、$R12$。设置如图 6-58 所示，单击窗口右上角 【应用并保存】按钮，完成倒圆角效果如图 6-59 所示。

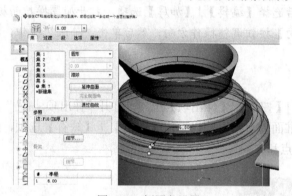

图 6-58 倒圆角设置

图 6-59 倒圆角特征

【步骤 02】单击【基础特征】工具栏中的 【倒圆角】按钮，选择瓶把手的四个棱边设置一个集，外围的两边设置半径 $R3$，内侧两边设置半径为 $R2$。设置如图 6-60 所示，单击窗口右上角 【应用并保存】按钮，完成倒圆角效果如图 6-61 所示。

预览最终效果如图 6-33 所示。至此热水瓶的模型制作完毕。

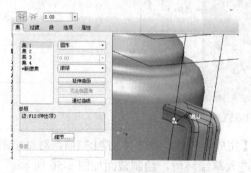

图 6-60 倒圆角设置

图 6-61 倒圆角特征

任务 6.3 绘制手机壳

6.3.1 设计分析

手机是现代生活中重要的信息工具，它的造型设计涉及曲面拉伸、曲面实体化、特征抽壳、特征阵列等工具。

根据手机的结构特征分析，首先建立一个"零件实体"文件，设置好造型的环境。然后创建手机的主体结构，再进行孔放置并方向性阵列。这样就能达到最终效果，如图 6-62 所示。

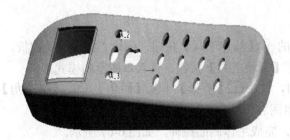

图 6-62 手机结构图

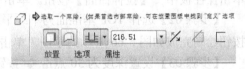

图 6-63 拉伸曲面操控板

6.3.2 新建文件

【步骤 01】单击计算机桌面上的 ▦【Pro/E Wildfire 5.0】快捷图标，此时系统会弹出一个空白操作界面。

【步骤 02】单击菜单栏中【文件】|【新建】命令，系统将弹出【新建】对话框。将文件名改为"6-3"，取消【使用缺省模板】，单击【确定】按钮。点选【mmns_part_solid】公制模板文件，单击【确定】按钮，进入新的工作环境。

6.3.3 创建手机主体

【步骤 01】单击【基础特征】工具栏中的 ⬡【拉伸工具】按钮，单击操控板中 ▢【拉伸曲面】按钮，如图 6-63 所示。单击 ▨【草绘工具】按钮，进入草图绘制模式。

【步骤 02】在"草绘"对话框中选择 FRONT 面为草绘平面，使用 ↷【样条线】按钮绘制完成如图 6-64 所示的草图。单击草图右边的 ✔ 按钮，再单击右上角的 ▶ 按钮，退出暂停模式。

【步骤 03】在操控板中设置拉伸类型为对称 ⊟，深度为 40 点击 ✔ 按钮，完成主体曲面拉伸，如图 6-65 所示。

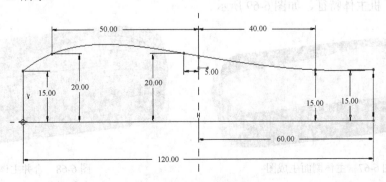

图 6-64 拉伸截面图

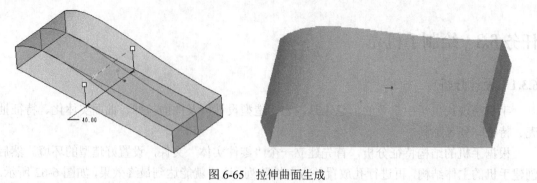

图 6-65　拉伸曲面生成

6.3.4　拉伸手机侧面

【步骤 01】单击【基础特征】工具栏中的 🔲【拉伸工具】按钮，弹出"拉伸"操控板，单击操控板中 🔲【拉伸曲面】按钮。单击 🔲【草绘工具】按钮，进入草图绘制模式。

【步骤 02】选择 TOP 基准面为草绘平面，使用 🔲【矩形】｜ ⌐【圆角】｜ ⌐【椭圆角】按钮绘制完成如图 6-66 所示的草图，单击草图右边的 ✔ 按钮完成。

【步骤 03】设置深度为 30 点击 ✔ 按钮，完成主体侧面拉伸，如图 6-67 所示。

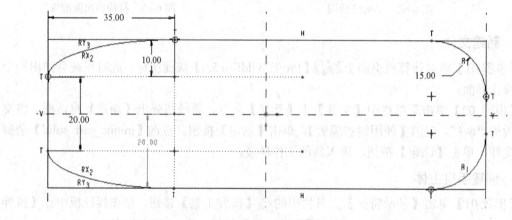

图 6-66　主体侧面草图

【步骤 04】按 Ctrl 键，依次选取主体曲面与侧面，单击右侧工具栏 🔲【合并】按钮。合并两相交曲面，如图 6-68 所示。

【步骤 05】选取合并后的面组，执行【编辑】｜【实体化】，点击 ✔ 按钮。实现面组实体化，完成手机主体特征，如图 6-69 所示。

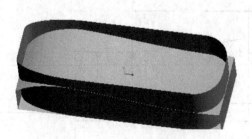

图 6-67　主体侧面生成图

图 6-68　合并主体侧面

【步骤06】单击【工程特征】工具栏的 🛇【倒圆角工具】按钮，弹出【倒圆角】操控板。

【步骤07】选择模型上表面边线，设置圆角半径为2.5，生成圆角特征如图6-70所示。

【步骤08】选择模型的底表面作为去除面，单击【特征】工具栏中的 🗔【壳工具】按钮，修改厚度值为2，点击 ✔ 按钮完成壳特征。

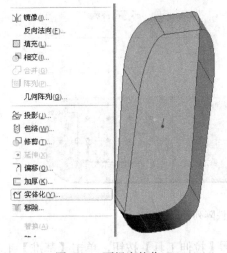

图 6-69 面组实体化

图 6-70 圆角生成

6.3.5 拉伸剪切按键孔

【步骤01】单击【基础特征】工具栏中的 🗇【拉伸工具】按钮，单击【基准】工具栏中的 🖾【草绘工具】按钮，进入草图绘制模式。

【步骤02】选择 TOP 基准面为草绘平面，设置草绘视图参照方向为"底部"，绘制完成如图6-71所示的草图。单击草图右边的 ✔ 按钮以及右上角的 ▶ 按钮，退出暂停模式。

【步骤03】在操控板中设置拉伸类型为"穿透"，单击【移除材料】🔼 按钮并调整方向。点击 ✔ 按钮，生成拉伸除料按键孔特征。

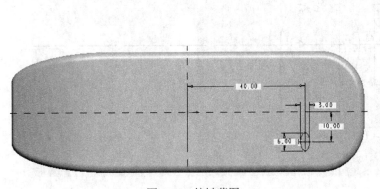

图 6-71 按键草图

图 6-72 键盘阵列生成

【步骤04】单击 ▦【阵列工具】按钮，弹出【阵列】操控板，选择"方向"阵列方式。

【步骤05】打开"方向"下滑面板，单击 RIGHT 基准面，输入第一方向阵列成员间距"-10"，输入第一方向阵列成员数4；单击"一个项目"选取第二方向参照 FRONT 基准面，输入第二方向阵列成员间距 "–10"，输入第二方向阵列成员数 3 ，如图 6-73 所示。

【步骤 06】单击完成 ✔ 按钮，完成剪切孔特征阵列，如图 6-72 所示。

6.3.6 拉伸剪切异形孔

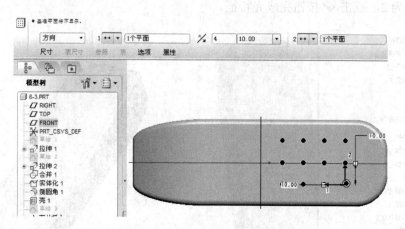

图 6-73 方向性阵列设置

【步骤 01】单击【基础特征】工具栏中的 ⬜ 【拉伸工具】按钮，单击【基准】工具栏中的 ⬜ 【草绘工具】按钮，进入草图绘制模式。

【步骤 02】选择 TOP 基准面为草绘平面，设置草绘视图参照方向为 "底部"，绘制完成如图 6-74 所示的截面草图。单击草图右边的 ✔ 按钮以及右上角的 ▶ 按钮，退出暂停模式。

【步骤 03】在操控板中设置拉伸类型为 "穿透"，单击【移除材料】 ⬜ 按钮并调整方向。点击 ✔ 按钮，生成拉伸除料异形孔特征。

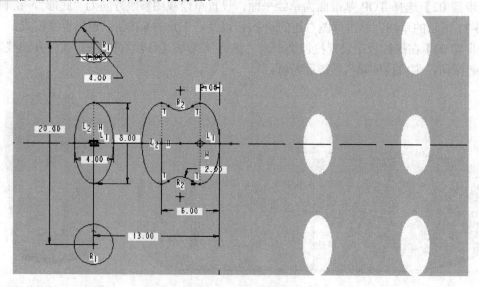

图 6-74 异型孔截面图

【步骤 04】单击【基础特征】工具栏中的 ⬜ 【拉伸工具】按钮，单击 ⬜ 【草绘工具】按钮。

【步骤 05】选择 TOP 基准面为草绘平面，设置草绘视图参照方向为 "底部"，绘制完成如图 6-75 所示的截面草图。单击草图右边的 ✔ 按钮，再单击右上角的 ▶ 按钮，退出暂停模式。

【步骤06】在操控板中设置拉伸类型为"穿透"，单击【移除材料】☑️ 按钮并调整方向。点击 ✔️ 按钮，生成拉伸剪切屏幕孔特征。如图6-76所示。

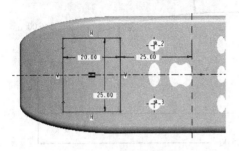

图6-75　屏幕孔截面图

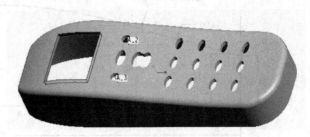

图6-76　剪切屏幕孔特征

任务6.4　绘制吹风机

6.4.1　设计分析

吹风机是现代生活比较典型的小家电产品工具，一般在理发店或家庭用于吹干头发。

根据散热风扇的外形特征分析，首先建立一个"零件实体"文件，设置好造型的环境。通过旋转工具创建吹风筒，然后通过【拉伸】、【扫描混合】和【偏移】命令修饰吹风筒的外形结构，再通过【可变剖面扫描工具】、【曲面】、【实体化】命令完成手柄的创建。最后运用【壳工具】进行抽壳，这样达到即美观又实用，最终效果如图6-77所示。

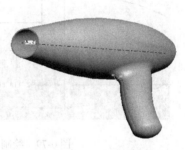

图6-77　吹风机模型

6.4.2　新建文件

【步骤01】单击计算机桌面上的🖥️【Pro/E Wildfire 5.0】快捷图标，此时系统会弹出空白的操作界面。

【步骤02】单击菜单栏中【文件】|【新建】命令，系统将弹出【新建】对话框。将文件名改为"6-4"，取消【使用缺省模板】，单击【确定】按钮。点选【mmns_part_solid】公制模板文件，单击【确定】按钮，进入新的工作环境。

6.4.3　创建吹风机头

【步骤01】单击【基础特征】工具栏中的 ⚙️【拉伸工具】按钮，单击 ▦【草绘工具】按钮，进入草图绘制模式。

【步骤02】在"草绘"对话框中选择FRONT面为草绘平面，其它设置系统默认，使用⌒圆弧工具绘制完成如图6-78所示的草图。单击草图右边的✔️按钮，退出草绘模式。

【步骤03】在操控板中设置旋转角度为360°，点击 ✔️ 按钮，完成旋转主体特征。

【步骤04】单击【基础特征】工具栏中的 📦【拉伸工具】按钮，单击 ▦【草绘工具】按钮，进入草图绘制模式。

【步骤05】在"草绘"对话框中选择 使用先前的 按钮，绘制完成如图6-79所示的草图。单

击草图右边的 ✔ 按钮，再单击右上角的 ▶ 按钮，退出暂停模式。

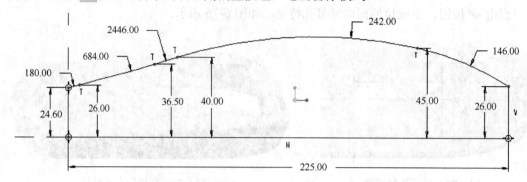

图 6-78　吹风机头剖面图

【步骤 06】在操控板中设置拉伸类型为 ▢，深度为 110 点击 ✔ 按钮，完成拉伸特征，如图 6-80 所示。

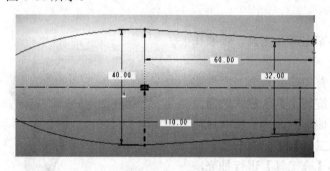

图 6-79　绘制剖面图

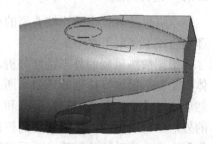

图 6-80　拉伸特征

【步骤 07】按【Ctrl+D】快捷键，恢复零件的标准显示状态。单击 ⬚【草绘工具】按钮，选择 TOP 基准面为草绘平面，其它参数接受系统默认，绘制完成如图 6-81 所示的草图。

【步骤 08】单击主菜单【插入】|【扫描混合】命令，默认操控板中的 ▱【创建曲面】按钮，选择刚绘制的曲线作为原点轨迹，保留系统默认的"垂直于轨迹"选项。

【步骤 09】在操控板中单击【截面】按钮，在剖面收集器中默认"截面 1"，选择如图 6-82 所示点，单击【草绘】按钮，绘制如图 6-83 所示的草图，完成第一个剖面的绘制。

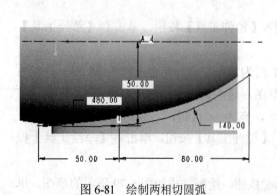

图 6-81　绘制两相切圆弧

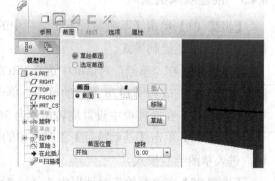

图 6-82　定义第一剖面位置

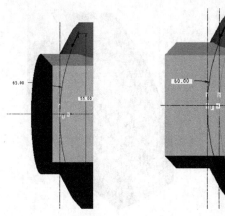
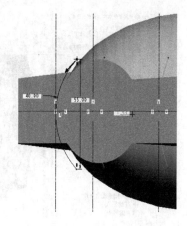

图 6-83　第一剖面图　　　　　图 6-84　第二剖面图　　　　　图 6-85　第三剖面图

【步骤 10】在【截面】下滑板中，点击【插入】按钮，在剖面收集器中默认 "截面 2"，选择圆弧相切点。选【草绘】按钮，绘制如图 6-84 所示的草图，完成第二个剖面的绘制。

【步骤 11】再返回【截面】下滑板中，点击【插入】按钮，在剖面收集器中默认 "截面 3"，选择圆弧另一端点。单击【草绘】按钮，绘制如图 6-85 所示的草图，完成第三个剖面的绘制。

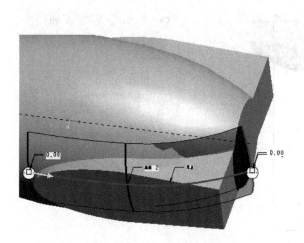
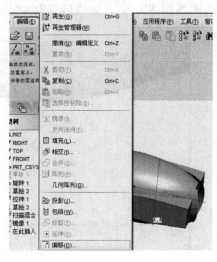

图 6-86　可变剖面曲面　　　　　　　　　图 6-87　定义替换类型并选取

【步骤 12】点击操控板中 ✔ 按钮，完成该可变剖面曲面特征的建立如图 6-86 所示。

【步骤 13】选择刚创建的曲面特征，单击【编辑特征】工具栏中 【镜像工具】按钮，选择 "FRONT" 平面作为镜像基准面，点击 ✔ 按钮，完成曲面特征的镜像操作。

【步骤 14】在模型树选择 "草绘 1" 特征，右击选择 "隐藏" 命令，隐藏该特征的显示。

【步骤 15】选择前端面，单击菜单栏中【编辑】|【偏移】命令，如图 6-87 所示。更改偏移类型为 【替换曲面特征】，选择图 6-86 中创建的扫混曲面为替换面组。点击 ✔ 按钮，完成替换操作，如图 6-88 所示。

【步骤 16】选择后端面，单击菜单栏中【编辑】|【偏移】命令，更改偏移类型为 【替换曲面特征】，选择上一步创建的镜像扫混曲面为替换面组。点击 ✔ 按钮，完成替换操作，如图 6-89 所示。

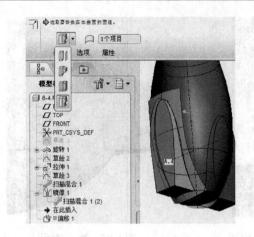

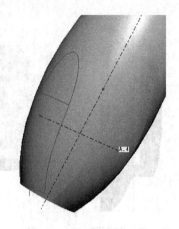

图 6-88　定义类型并选取替换面　　　　　　图 6-89　生成替换曲面特征

6.4.4　创建吹风机把手

【步骤 01】按【Ctrl+D】快捷键，恢复零件的标准显示状态。单击 ⚔ 【草绘工具】按钮，选择 FRONT 基准面为草绘平面，其它参数接受系统默认，绘制完成如图 6-90 所示的剖面（剖面为两条相切圆弧），完成后点击 ✔ 按钮，完成曲线创建。

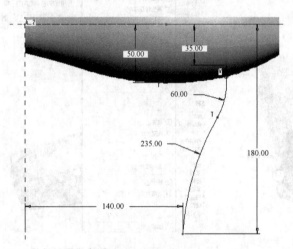

图 6-90　定义把手曲线　　　　　　　　图 6-91　选择复制→粘贴项

【步骤 02】选择刚创建的曲线，单击【系统】工具栏中的 🖺 【复制】按钮，再单击 🖺 【选择性粘贴】按钮。在弹出的"选择性粘贴"对话框中增加"对副本应用移动/旋转变换"选项，单击【确定】按钮，如图 6-91 所示。

【步骤 03】保持默认的 ↔ 【沿选定参照评议特征】按钮，选择 RIGHT 基准平面作为参照，输入移动距离"–19"。点击操控板中 ✔ 按钮，完成曲线的移动创建如图 6-92、图 6-93 所示。

【步骤 04】按【Ctrl+D】快捷键，恢复零件的标准显示状态，单击 ⚔ 【草绘工具】按钮。

【步骤 05】选择 RIGHT 基准面为草绘平面，更改 TOP 参照平面的方向为"顶"，单击"草绘"按钮。增加图 6-90 中创建的曲线下方端点作为绘图参照，绘制完成如图 6-94 所示的剖面，完成后点击 ✔ 按钮，完成曲线的创建。

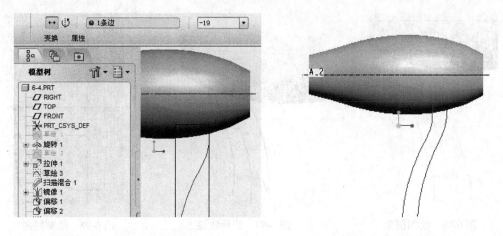

图 6-92　复制→粘贴曲线特征　　　　　　图 6-93　移动曲线

【步骤 06】按住【Ctrl】键，选择【步骤 02】和【步骤 05】创建的曲线，单击菜单栏中的【编辑】|【相交】命令，生成由两条曲线定义的相交曲线，如图 6-95 所示。

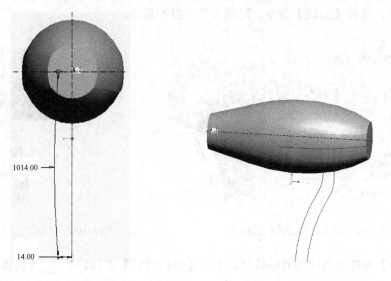

图 6-94　绘制剖面曲线　　　　　　　　　图 6-95　创建相交曲线

【步骤 07】按【Ctrl+D】快捷键，恢复零件的标准显示状态，单击 【草绘工具】按钮。

【步骤 08】选择 FRONT 基准面为草绘平面，其它参数接受系统默认，单击【草绘】按钮。绘制完成如图 6-96 所示的剖面，完成后点击 按钮，完成曲线的创建。

【步骤 09】按【Ctrl+D】快捷键，恢复零件的标准显示状态。单击【可变剖面扫描工具】按钮，保留操控板中默认的【扫描为曲面】按钮。选择左曲线 1 作为轨迹，按住【Ctrl】快捷键，依次选择曲线 2、3 作为附加轨迹，如图 6-97 所示。单击操控板中的 【草绘】按钮，绘制完成如图 6-98 所示的剖面，完成后点击 按钮。

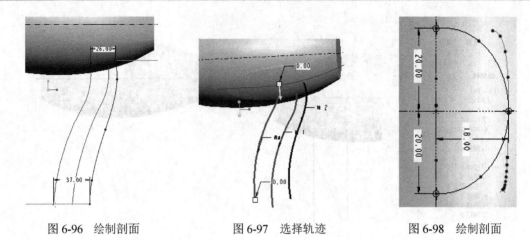

图 6-96　绘制剖面　　　　图 6-97　选择轨迹　　　　图 6-98　绘制剖面

【步骤 10】在操控板中单击【参照】按钮，默认"剖面控制"选项为"垂直于轨迹"，如图 6-99 所示。点击操控板中 ✔ 按钮，生成可变剖面扫描曲面特征，如图 6-100 所示。

【步骤 11】按住【Ctrl】键，选择【步骤 02】、【步骤 05】和【步骤 08】创建的曲线，在模型树中右击，选择【隐藏】命令，隐藏 3 条曲线的显示。

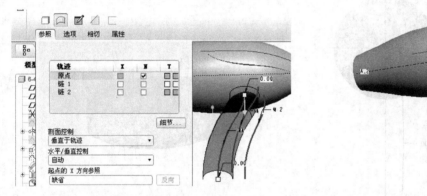

图 6-99　定义可变剖面扫描特征　　　　图 6-100　绘制可变剖面扫描曲面

【步骤 12】选择刚创建的曲面特征，单击【编辑特征】工具栏中 ◖◗ 【镜像工具】按钮，选择 "FRONT" 平面作为镜像基准面，点击操控板中 ✔ 按钮，完成曲面特征的镜像操作。

【步骤 13】按【Ctrl+D】快捷键，恢复零件的标准显示状态。单击菜单栏中【插入】|【扫描】|【曲面】命令，弹出【菜单管理器】。选择【草绘轨迹】，再选择 FRONT 面为草图绘制平面，单击【确定】|【缺省】命令。进入草绘模式绘制如图 6-101 所示剖面 1。

【步骤 14】选择【菜单管理器】中的【开放端】|【完成】选项，再次进入草绘模式。绘制如图 6-102 所示剖面 2，完成后点击 ✔ 按钮，退出草绘模式。

【步骤15】选择"曲面：扫描"对话框中的【确定】按钮，生成扫描曲面特征，如图 6-103 所示。

【步骤 16】选择图 6-100 中即步骤 10 建立的可变剖面扫描曲面，按住【Ctrl】键，再选择步骤 12 生成的镜像曲面。单击【特征】工具栏中 ⬡ 【合并工具】按钮，弹出操控板调整方向，如图 6-104 所示。点击操控板中 ✔ 按钮，完成曲面的合并操作。

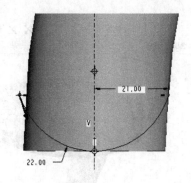

图 6-101　绘制剖面 1

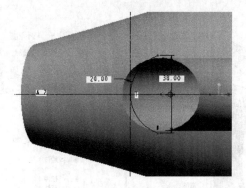

图 6-102　绘制剖面 2

图 6-103　绘制剖面 1

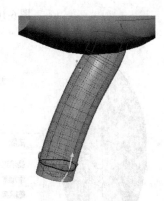

图 6-104　绘制剖面 2

图 6-105　曲面实体化

【步骤 17】选择刚生成的合并曲面，按住【Ctrl】键，再选择图 6-103 生成的扫描曲面。单击【特征】工具栏中 【合并工具】按钮，弹出操控板保持合并类型为"相交"。点击操控板中 按钮，完成曲面的合并操作。

【步骤 18】选择刚生成的合并曲面，单击菜单栏中【编辑】|【实体化】|命令，弹出其操控板。保持操控板中的 （用实体材料填充由面组界定的体积块）按钮。点击操控板中 按钮，完成封闭曲面的实体化操作，如图 6-105 所示。

6.4.5　修饰吹风机

【步骤 01】单击【特征】工具栏中 【拔模工具】按钮，弹出操控板。选择所指曲面作为拔模曲面，如图 6-106 所示。在绘图窗口右击弹出快捷菜单。单击【拔模枢轴】命令，选择 TOP 基准面，同时系统自动选择"TOP"基准平面为"拖动方向"；更改拔模角度为 10°并按【Enter】键。点击操控板中 按钮，完成拔模特征操作，如图 6-107 所示。

【步骤 02】单击【工程特征】工具栏中的 【倒圆角工具】按钮，弹出【倒圆角】操控板。保持操控板中默认设置模式，按住【Ctrl】键，选择如图 6-108 所示的两条交线作为参照，更改倒圆角数值为 80，并按【Enter】键。

【步骤 03】在绘图窗口右击弹出快捷菜单。单击【添加集】命令，选择如图 6-109 所示的边作为参照，更改倒圆角数值为 15，并按【Enter】键。

【步骤 04】在绘图窗口右击弹出快捷菜单。单击【添加集】命令，选择如图 6-110 所示的边作为参照，更改倒圆角数值为 3，并按【Enter】键。点击操控板中 按钮完成倒圆角操作。

图 6-106　操作快捷菜单

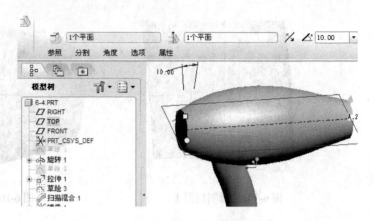

图 6-107　拔模设置

图 6-108　倒圆角设置

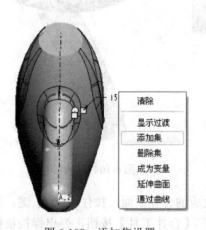

图 6-109　添加集设置

图 6-110　更改倒圆角

【步骤 05】单击 【倒圆角工具】按钮，弹出其操控板。保持操控板中默认设置模式，按住【Ctrl】键，选择如图 6-111 所示的两条交线作为参照，更改倒圆角数值为 10 并按【Enter】键。点击操控板中 ✔ 按钮，完成倒圆角特征操作。

【步骤 06】单击【工程特征】工具栏中的【壳工具】 □ 按钮。选择吹风机口表面作为移除曲面，输入厚度数值为"2"，点击 ✔ 按钮生成壳特征，如图 6-112 所示。

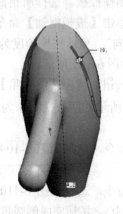

图 6-111　倒圆角设置

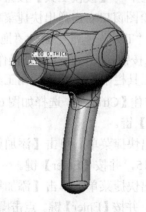

图 6-112　抽壳

图 6-113　吹风机造型

【步骤 07】单击菜单栏中的【视图】|【可见性】|【保存状态】命令，保存当前状态。

【步骤 08】单击菜单栏中的【文件】|【拭除】|【当前】命令，关闭文件并从内存中清除当前文件。吹风机造型设计如图 6-113 所示。

项目知识点

本项目通过设计台灯、热水壶、手机、吹风机四个曲面设计任务，介绍了曲面造型的基本步骤和方法，其中包括拉伸、旋转、壳、扫描混合等造型工具及合并、投影、实体化等曲面编辑工具。

通过本项目学习，使读者能够对曲面造型有一个深入的了解，同时更进一步复习了基础特征的构建方法，熟悉应用其它常用的命令，对曲面造型会有更深刻的了解和把握。

实践与练习

1. 选择题

1）_____曲面，是一种依照绘制的截面决定曲面的外形，并借助深度设置来确定曲面的深度，所产生的曲面垂直于草绘平面。

A. 拉伸　　　　　　B. 旋转　　　　　　C. 扫描　　　　　　D. 混合

2）_____曲面，是以一个定义后的截面沿某一图元为中心旋转而得到的形状。使用这种方式建立曲面时，除绘制旋转截面外，还必须绘制一条中心线。

A. 拉伸　　　　　　B. 旋转　　　　　　C. 扫描　　　　　　D. 混合

3）一个混合特征至少由一系列的，至少_____个平面截面组成，Pro/E 将这些平面截面在其边处用过渡曲面连接形成一个连续特征。

A. 一　　　　　　　B. 二　　　　　　　C. 三　　　　　　　D. 四

4）Pro/E 中，通常将一个曲面或几个曲面的组合称为_____。

A. 体　　　　　　　B. 网格　　　　　　C. 面组　　　　　　D. 曲面

2. 填空题

1）要使用鼠标缩放视图，可以_____。

2）要使用鼠标平移视图，可以_____。

3）Pro/E 中，当曲面建立完成后，各个部分的颜色是不一样的，但基本上可以被分为两种，即黄色和_____色的。

3. 简答题

1）在制作曲面中，经常使用的基本操作有哪些？

2）可变剖面扫描特征、混合特征与扫描混合特征有何区别？

3）在曲面转化成实体的操作中，要完成替换操作，必须具备什么条件？

【步骤 07】继续重复步骤 【步骤】【步骤】【步骤】、【步骤】、选取顶部圆边。

【步骤 08】单击装配中的【确定】按钮 □ ｜ 【拉伸】按钮 ，完成拉伸操作后的最终结果如图 6-113 所示。

项目七　组件装配

【项目导读】

　　一个产品往往是由许多个零件通过装配的方式组成。设计的单个零件可以通过 Pro/E 中的装配模式将零件组装成组件，再通过将多个组件组装成最终的产品。零件与零件间，组件与组件间，可以通过约束的方式进行位置约束，而且这种位置约束关系可以进行设定和修改，从而使产品的质量最终通过装配得到保证和检验。

　　本项目通过几个装配任务，讲解组件装配设计的基本知识，以及各类常用的放置约束，调整元件或组件在装配环境中的位置和编辑装配体的方法和技巧。

【任务提示】

- 联轴器装配
- 连杆机构的装配
- 齿轮泵外壳装配
- 显示器组件的设计与装配

　　设计好所需的若干个零件后，可以使用 Pro/E 提供的组件模块来将这些零件组合成一个组件。在组件模式下，可以检查各零件之间是否存在着干涉情况等。

　　（1）在装配的时候，使用 Pro/E 可以指定下述多种约束关系。

　　配对：用于约束定位两个曲面或者基准平面，并将它们的法线彼此相对。

　　对齐：这个约束可以让两个平面共面（重合而且法线方向相同），两条轴线同轴，或者两个点重合。

　　插入：这个约束可以将一个旋转曲面插入到另一个旋转曲面中，而且使得两个旋转曲面的旋转轴共线。

　　坐标系：坐标系约束可以将元件的坐标系与组件的坐标系对齐。

　　相切：控制两个曲面在切点的接触。这个约束与"配对"类似，但是它不对曲面。

　　直线上的点：这个约束可以控制边、轴和基准曲线与点之间接触。

　　曲面上的点：控制曲面与点之间接触。

　　曲面上的边：用约束控制曲面与平面边界之间的接触。

　　固定：使用"固定"约束，固定被移动或封装的元件的当前位置。

　　缺省：使用"缺省"约束，将系统创建的元件的默认坐标系与系统创建的组件的默认坐标系对齐。当在组件中装配进第一个元件（零件）时，通常采用"缺省"方式来实现元件（零件）在组件中的约束定位。

　　自动：系统提供"自动"约束，可以根据所选参照，从而智能地提供一种可能的约束类型。

　　（2）放置约束指定了一对参照的相对位置，放置约束时应该遵守下面的一般原则：

　　使用"配对"、"对齐"和"插入"时，两个参照必须为同一类型（例如，平面对平面、旋转对旋转、点对点、轴对轴）。

　　系统一次只添加一个约束。例如，不能用一个"对齐"选项将一个零件上两个不同的孔与另一个零件上的两个不同的孔对齐。必须定义两个不同的对齐约束。

任务 7.1 联轴器装配

7.1.1 设计分析

联轴器是用来连接不同机构中的两根轴（主动轴和从动轴）使之共同旋转以传递扭矩的机械零件。联轴器由两半部分组成，分别与主动轴和从动轴连接。联轴器的连接固定元件是可以拆卸的螺纹连接，为使连接紧固，其中要用到垫片、螺母等紧固件将其装配在一起。装配该组件时，首先载入联轴器零件，设置位置约束选择缺省，将其定位。再载入子部件零件，在约束类型里面选择配对、轴线对齐，键槽对齐将两零件放置在一起。再添加子部件螺钉，利用配对和插入约束，将螺钉与联轴器零件装配，依次再装入垫片和螺母，最后选择螺钉、垫片、螺母建立组特征，再选择轴阵列，将重复元件阵列装配。装配效果如图 7-1 所示。

图 7-1 联轴器装配

7.1.2 新建文件并载入联轴器元件

【步骤 01】单击【系统】工具栏中的 □ 【创建新对象】按钮，系统会弹出如图 7-2 所示的"新建"对话框。选择【组件】并且去掉缺省模板，单击【确定】。

【步骤 02】选择 mmns_asm_design 模板，如图 7-3 所示，单击【确定】，完成新文件的创建，进入装配界面。

【步骤 03】单击工具栏中的 ⚙ 【将元件添加到组件】按钮，在弹出的【打开】对话框中选择要添加的子部件 lingjian1 并打开，在打开的【元件放置】操控面板如图 7-4 所示，设置约束类型为缺省，然后单击 ✔ 【确定】按钮，完成添加元件，添加元件效果如图 7-5 所示。

图 7-2 "新建"对话框

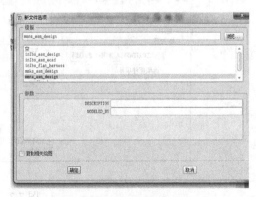

图 7-3 选择模板

图 7-4 "元件放置"操控面板   图 7-5 添加联轴器元件

7.1.3 添加联轴器元件

单击工具栏中的 ![icon]【将元件添加到组件】按钮，在弹出的【打开】对话框中再次选择要添加的子部件 lingjian1 并打开，在打开的【元件放置】操控面板中设置约束类型为配对，然后选择两零件的 F6 面，完成一个面的配对，如图 7-6 所示为参照面设置。

图 7-6 配对约束设置

7.1.4 定位两联轴器元件

【步骤 01】选择对齐约束类型，这次选择两零件的中心轴 A_3 使其轴线对齐。如图 7-7 所示为轴线设置约束。

【步骤 02】联轴器还有键槽也要对齐，再新建约束，约束类型选择对齐，再选择两键槽底面进行约束。如图 7-8 所示为参照面设置约束。到此两零件的约束完成，然后单击 ✔【确定】按钮，完成联轴器的定位。

图 7-7 选择轴线

图 7-8 对齐约束设置

7.1.5 添加定位螺钉

【步骤 01】单击工具栏中的 ⚙【将元件添加到组件】按钮，在弹出的【打开】对话框中再次选择要添加的子部件 luoding 并打开。

【步骤 02】在打开的【元件放置】操控面板中设置约束类型为【配对】，选择 lingjian1 的 F6 面和螺钉的 F6 面，如图 7-9 的参照面设置。

【步骤 03】新建约束约束类型选择【插入】，选择 lingjian1 的小孔曲面 F15，再选择螺钉杆的曲面 F13 面完成约束。如图 7-10 的参照面设置。

【步骤 04】单击 ✓【确定】按钮，完成螺钉的装配。

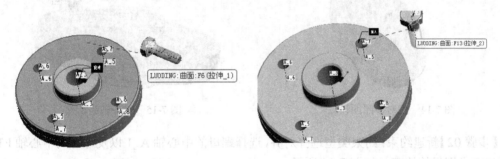

图 7-9 配对参照面设置   图 7-10 插入参照面设置

7.1.6 添加垫片

【步骤 01】添加垫圈约束类型选择配对，选择 lingjian1 的 F6 面及垫片 F6 面进行约束，如图 7-11 所示。

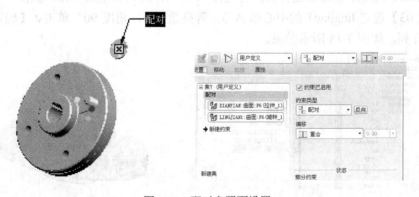

图 7-11 配对参照面设置

【步骤 02】新建约束约束类型选择插入，选择垫片内圆面再选择螺钉 F13 面完成约束如

图 7-12 所示设置和图 7-13 装配效果。

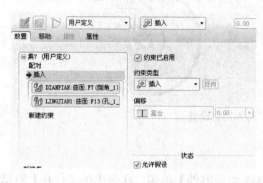

图 7-12 插入参照面设置　　　　　图 7-13 装配效果

7.1.7 添加螺母

【步骤 01】添加螺母零部件，约束类型选择配对，选择螺母的 F9 面以及垫片的 F6 面，如图 7-14 所示。

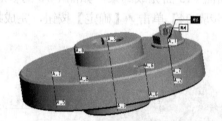

图 7-14 配对参照面设置　　　　　图 7-15 对齐轴线设置

【步骤 02】新建约束：约束类型选择对齐，选择螺母的中心轴 A_1 以及螺钉的中心轴 F10，点对勾完成螺母的约束，如图 7-15 所示。

7.1.8 阵列装配元件

【步骤 01】在左边模型树里面按住 ctrl 键依次选择螺钉、垫片、螺母，单击鼠标右键选择组，形成组特征如图 7-16 所示。

【步骤 02】选定刚建立的组特征，再选择 ▦ 阵列，阵列类型选择轴，如图 7-17 所示。

【步骤 03】选定 lingjian1 的中心轴 A_3。阵列数目 4，角度 90° 单击 ✓【确定】按钮，完成元件阵列，如图 7-18 所示效果。

图 7-16 建立组特征

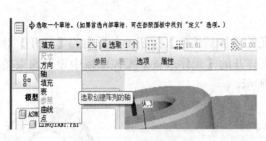

图 7-17 阵列设置

图 7-18 阵列效果

任务 7.2 连杆机构的装配

7.2.1 设计分析

本任务是装配连杆组件，效果如图 7-19 所示。连杆机构是机械运动中较为常用的一种机械运动装置。装配该组件模型时，首先导入固定底座零件，设置其约束类型为"缺省"。完成固定底座的定位。再载入支架零件，利用"对齐"和"插入"约束，将导入的支架与底座固定。然后导入垫片，利用"插入"和"相切"约束，将导入的垫片与支架上的销孔相切固定再导入销轴零件，利用"插入"和"对齐"约束，将导入的销轴零件连接垫片和支架。最后导入锁销零件，并利用"插入"约束锁定销轴零件，并导入连杆零件，利用"插入"约束，将导入的连杆固定在割槽内，即可完成整个连杆组件模型的装配。

图 7-19 装配总图

图 7-20 添加底座

7.2.2 新建文件并载入底座

【步骤 01】单击【系统】工具栏中的 📄【创建新对象】按钮，系统会弹出 "新建"对话框。选择【组件】类型并且取消缺省模板，单击【确定】按钮。选择 mmns_asm_design 公制模板文件，单击【确定】按钮，完成新文件的创建，进入装配界面。

【步骤 02】单击工具栏中的 🔧【将元件添加到组件】按钮，在弹出的【打开】对话框中选择要添加的子部件 liangan1 并打开。在打开的【元件放置】操控面板，设置约束类型为缺省，单击 ✔【确定】按钮完成添加元件，添加元件效果如图 7-20 所示。

7.2.3 添加支架

【步骤 01】单击工具栏中的 🖼️【将元件添加到组件】按钮，在弹出的【打开】对话框中选择要添加的子部件 liangan2 并打开，在打开的【元件放置】操控面板中设置约束类型为对齐，选择两零件底表面，设置如图 7-21 所示。

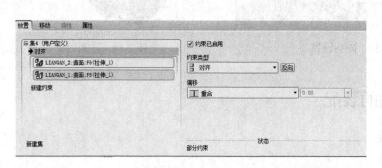
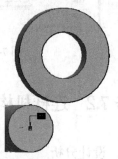

图 7-21　对齐参照面设置

【步骤 02】点击新建约束，将约束类型设置为插入。分别选择两零件内圆柱面与外圆柱面进行约束，设置如图 7-22 所示。单击 ✔【确定】按钮，完成添加立柱元件。

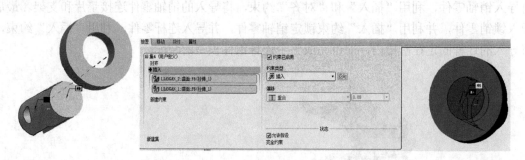

图 7-22　插入参照面设置

7.2.4 添加垫片

【步骤 01】单击工具栏中的 🖼️【将元件添加到组件】按钮，在弹出的【打开】对话框中选择要添加的子部件 liangan3 并打开。在打开的【元件放置】操控面板中设置约束类型为插入，选择垫片内圆柱面和立柱孔内表面进行约束，设置如图 7-23 所示。

图 7-23　插入参照面设置

【步骤 02】点击新建约束，选择相切约束类型。选择垫片 F5 端平面和圆柱 F5 曲面，设置如图 7-24 所示约束。单击 ✔【确定】按钮，完成添加垫片元件。

图 7-24　相切参照面设置

7.2.5　添加销轴

【步骤 01】单击工具栏中的 🖱【将元件添加到组件】按钮，在弹出的【打开】对话框中选择要添加的子部件 lingjian4 并打开，在打开的【元件放置】操控面板中设置约束类型为插入，选择立柱孔内圆柱面与轴的外圆柱面，设置如图 7-25 所示。

图 7-25　插入参照面设置

【步骤 02】点击新建约束，选择配对约束类型，选择轴挡头右端平面与垫片左端平面，完成如图 7-26 所示约束。单击 ✔【确定】按钮，完成添加销轴元件。

图 7-26　配对参照面设置

7.2.6　添加右侧垫片

【步骤 01】单击工具栏中的 🖱【将元件添加到组件】按钮，在弹出的【打开】对话框中再次选择要添加的子部件 liangan3 并打开，在打开的【元件放置】操控面板中设置约束类型为插入，选择垫片内圆柱面和销轴柱面进行约束，设置如图 7-27 所示。

图 7-27   插入参照面设置

【步骤 02】点击新建约束，选择对齐约束类型，选择轴右端面与垫片右边平面，设置偏移量 4，完成如图 7-28 所示约束，单击 ✔【确定】按钮，完成添加垫片元件。

图 7-28   对齐参照面偏距设置

7.2.7   添加连杆

【步骤 01】单击工具栏中的 【将元件添加到组件】按钮，在弹出的【打开】对话框中选择要添加的子部件 lingjian5 并打开，在打开的【元件放置】操控面板中设置约束类型为配对，选择立柱右边平面和连杆左边平面。设置如图 7-29 所示。

图 7-29   配对参照面设置

【步骤 02】点击新建约束，选择插入约束类型，连杆孔内表面和销轴外表面。完成如图 7-30 所示约束，单击 ✔【确定】按钮，完成添加连杆元件。

图 7-30   插入参照面设置

7.2.8 添加销钉

【步骤 01】单击工具栏中的 【将元件添加到组件】按钮，在弹出的【打开】对话框中再次选择要添加的子部件 lingjian6 并打开，在打开的【元件放置】操控面板中设置约束类型为插入，如图 7-31 所示。

图 7-31 插入参照面设置

【步骤 02】对于销钉，可以使用移动命令进行位置上的调整。在面板上选择【移动】按钮，再选择平移类型。完成效果如图 7-32 所示。

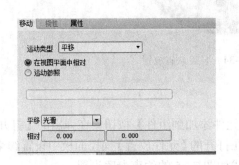

图 7-32 平移设置

任务 7.3 齿轮泵外壳装配

7.3.1 设计分析

齿轮泵是机械应用中较常见的一种泵油装置，下面来了解一下泵盖的装配，以掌握装配中的另一种快捷装配"重复"装配命令的应用。完成后的效果如图 7-33 所示。

图 7-33 齿轮泵泵盖装配

7.3.2　新建文件并载入泵体

【步骤 01】单击【系统】工具栏中的 □ 【创建新对象】按钮，系统会弹出 "新建"对话框。选择【组件】并且取消缺省模板。选择 mmns_asm_design 公制模板文件，单击【确定】按钮，完成新文件的创建，进入装配界面。

【步骤 02】单击工具栏中的 ﹄ 【将元件添加到组件】按钮，在弹出的【打开】对话框中选择要添加的子部件 chilunbeng6 并打开。在打开的【元件放置】操控面板，设置约束类型为缺省，单击 ✔ 【确定】按钮，完成添加元件效果如图 7-34 所示。

图 7-34　泵盖缺省放置

7.3.3　添加定位销

【步骤 01】单击工具栏中的 ﹄ 【将元件添加到组件】按钮，在弹出的【打开】对话框中选择要添加的子部件 lingjian3 并打开。在打开的【元件放置】操控面板中设置约束类型为"对齐"，然后选择两零件的端平面 F5，完成如图 7-35 的约束参照设置。

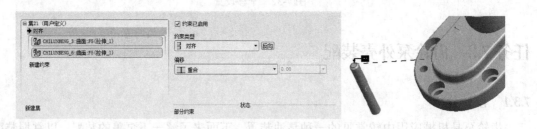

图 7-35　对齐参照面放置

【步骤 02】点击新建约束，定义约束类型为"插入"。选择定位销的外圆柱面与销孔的内圆柱面，如图 7-36 所示的设置约束。单击 ✔ 【确定】按钮，完成装配定位销元件。

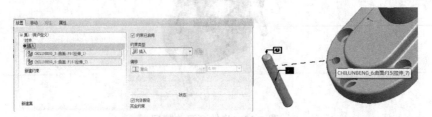

图 7-36　装配定位销元件

7.3.4　重复放置定位销

【步骤01】选中要重复的元件如图 7-37 所示。选择主菜单中【编辑】|【重复】选项，打开重复元件对话框，如图 7-38 所示。

　　　图 7-37　选择定位销　　　　　　　　　图 7-38　重复放置设置

【步骤02】在可变组件参照列表中选择要增加的参照约束"对齐"，单击【添加】按钮，开始从组件中选择参照，如图 7-39。最后点击【确认】按钮即可完成如图 7-40 所示。.

图 7-39　选取参照

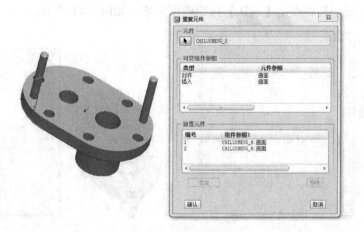

图 7-40　完成重复约束装配

7.3.5 添加螺钉

【步骤 01】单击工具栏中的  【将元件添加到组件】按钮，在弹出的【打开】对话框中选择要添加的子部件 chilunbeng4 并打开。在打开的【元件放置】操控面板中设置约束类型为"插入"，选择螺钉的外圆柱面与孔的内圆柱面。进行如图 7-41 所示的设置约束。

图 7-41 "插入"参照设置

【步骤 02】点击新建约束，定义"配对"约束类型，选择螺钉的端平面 F5 和泵盖的沉孔端面 F14。进行如图 7-42 所示的设置约束。

图 7-42 "配对"参照设置

7.3.6 重复放置螺钉

【步骤 01】选中要重复的元件螺钉。选择主菜单中【编辑】｜【重复】选项，打开重复元件对话框，如图 7-43 所示。

【步骤 02】在可变组件参照列表中选择要增加的参照"插入"，单击添加按钮。然后从组件中依次选择参照，最后点击【确认】按钮即可完成，如图 7-44 所示。

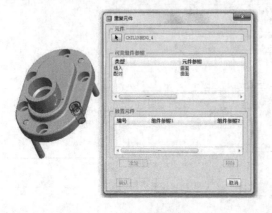

图 7-43 螺钉的重复放置   图 7-44 完成重复放置

温馨提示：在实际设计工作中，经常会碰到装配一些相同零部件，或者置换一些零部件的情况。对于装配相同零件，可以采用创建镜像零件、重复放置元件和阵列零件的方法来完成。

任务 7.4　显示器组件的设计与装配

7.4.1　设计分析

本款显示器的主要特点是结构紧凑，外形美观，易于操作和维修，适用于家庭及办公的个人计算机。本任务创建的显示器主要由屏幕、支架等零件组成，其装配完成的最终效果如图 7-45 所示。

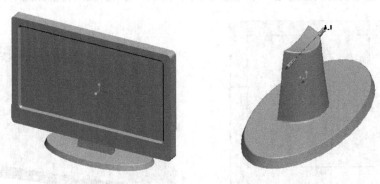

图 7-45　显示器及支架

7.4.2　创建屏幕

【步骤 01】单击计算机桌面上的 ▦【Pro/E Wildfire 5.0】快捷图标，系统弹出操作界面。

【步骤 02】单击主菜单栏中【文件】|【新建】命令，系统将弹出【新建】对话框。将文件名改为"7-4a"，取消【使用缺省模板】，单击【确定】按钮。点选【mmns_part_solid】公制模板文件，单击【确定】按钮，进入创建零件的工作环境。

【步骤 03】单击 ⬚【拉伸工具】按钮，单击【基准】工具栏中的 ⬚【草绘工具】按钮。选择 TOP 面为草绘平面，其它设置接受系统默认，进入草图绘制模式。绘制如图 7-46 所示的草绘，单击草图右边的 ✔ 按钮完成。

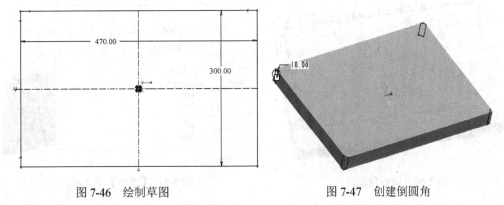

图 7-46　绘制草图　　　　　　　图 7-47　创建倒圆角

【步骤 04】设置拉伸方式为 ⬚【指定深度】，输入深度 30，单击完成 ✔ 按钮生成拉伸特征。

【步骤 05】单击【工程特征】工具栏中的 ⌒【倒圆角工具】按钮，弹出【倒圆角】操控板。选择创建的实体竖边线为倒圆角边，并设置圆角半径为 10，生成的圆角特征如图 7-47 所示。

【步骤 06】单击 ⬠【拉伸工具】按钮，单击【基准】工具栏中的 ◇【草绘工具】按钮。选择 TOP 面为草绘平面，其它设置默认。绘制如图 7-48 所示的草绘，单击 ✔ 按钮完成。

【步骤 07】设置拉伸方式为 ╨【指定深度】，输入深度 5，选取 ◢【移除材料】并切换方向，单击完成 ✔ 按钮生成拉伸去除特征。

【步骤 08】单击【工程特征】工具栏中的 ⌒【倒圆角工具】按钮，弹出【倒圆角】操控板。选择创建的实体竖边线为倒圆角边，并设置圆角半径为 5，生成的圆角特征如图 7-49 所示。

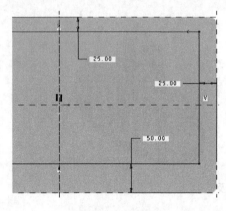

图 7-48　绘制草图

图 7-49　倒圆角创建

【步骤 09】单击【工程特征】工具栏中的 ◸【倒角工具】按钮，弹出【边倒角】操控板。选取尺寸方式 DXD；选择如图 7-50 所示为倒角边，设置倒角尺寸为 5，单击完成 ✔ 按钮。

【步骤 10】选取创建屏幕的背面平面，然后单击【编辑】|【偏移】命令，系统弹出【偏移】操作面板，单击 ▯【具有拔模特征】按钮，设置偏移类型；在【偏移】操作面板中单击【选项】下滑板，选中【草绘】|【相切】按钮如图 7-51 所示。

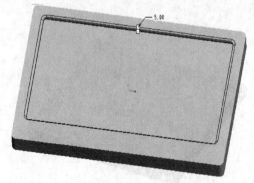

图 7-50　倒圆角创建

图 7-51　【选项】下滑板

【步骤 11】在【偏移】操作面板中单击【参照】下滑板，选择【定义】按钮如图 7-52 所示。在草绘对话框中，选择偏移的参照平面为草绘平面，绘制如图 7-53 所示的草绘。

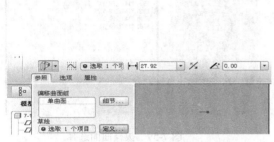

图 7-52　【选项】下滑板

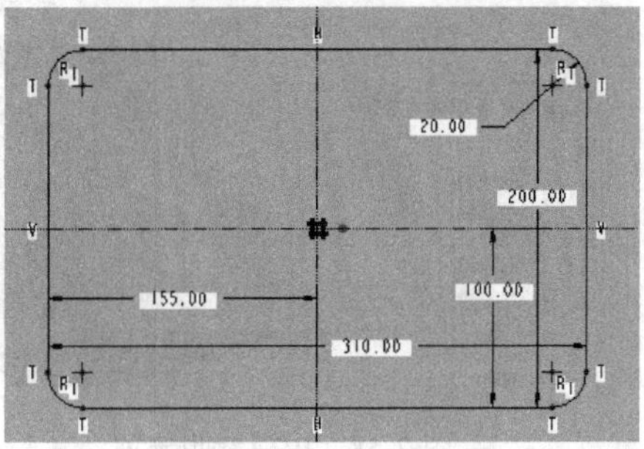

图 7-53　绘制草图

【步骤 12】在【偏移】操控板设置偏移值 15（内凹方向），拔模角 30°完成如图 7-54 所示。

【步骤 13】单击 🗗【拉伸工具】按钮，单击【基准】工具栏中的 ≈【草绘工具】按钮。选择如图 7-55 所示为草绘平面。绘制如图 7-56 所示的草绘，单击 ✔ 按钮完成。

【步骤 14】设置拉伸方式为 ⊥【指定深度】，输入深度 35，单击完成 ✔ 按钮生成拉伸特征。如图 7-57 所示。

图 7-54　偏移创建

图 7-55　草绘基准设置

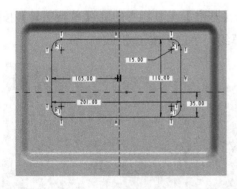

图 7-56　草图绘制

图 7-57　拉伸增料

【步骤 15】单击工具栏中 ⟋【拔模】按钮，在【拔模】操控板中打开【参照】下滑板，单击如图 7-58 所示的【细节】按钮，弹出【曲面集】对话框。

【步骤 16】按住【Ctrl】键依次选取凸台的侧面，如图 7-59 所示；选择【确定】按钮，完成拔模曲面的选取。

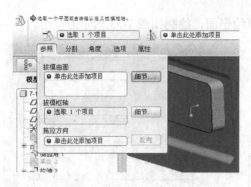

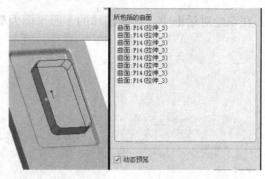

图 7-58　拔模参照选项　　　　　　　　　　　图 7-59　拔模曲面选择

【步骤 17】在【参照】下滑板中，单击【拔模枢轴】收集器，如图 7-60 所示。选择凸台表面定义拔模枢轴；设置好方向及角度为 8°点击 ✔ 按钮，完成拔模特征。

【步骤 18】单击【工程特征】工具栏中的 🔧【倒圆角工具】按钮，弹出【倒圆角】操控板。选择创建的凸台边线为倒圆角边，并设置圆角半径为 5，生成的特征效果如图 7-61 所示。

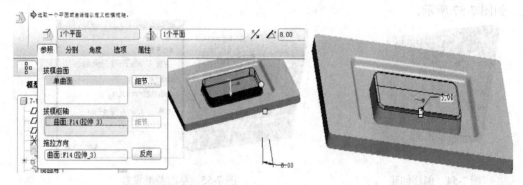

图 7-60　拔模参照选项　　　　　　　　　　　图 7-61　倒圆角特征

【步骤 19】单击 🔲【拉伸工具】按钮，单击【基准】工具栏中的 〰【草绘工具】按钮。选择内凹面为草绘平面。绘制如图 7-62 所示的草绘，单击✔按钮完成。

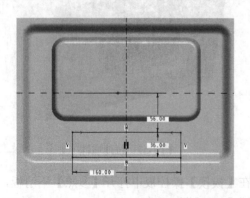

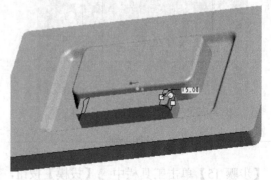

图 7-62　草图绘制　　　　　　　　　　　　　图 7-63　倒圆角特征

【步骤 20】设置拉伸方式为 ⊥【指定深度】，输入深度 40，单击完成 ✔ 按钮生成拉伸特征。

【步骤 21】单击【工程特征】工具栏中的 🔧【倒圆角工具】按钮，弹出【倒圆角】操控板。

选择如图 7-63 所示边线为倒圆角边，并设置圆角半径为 15，生成倒圆角特征。

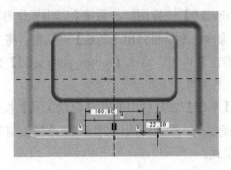

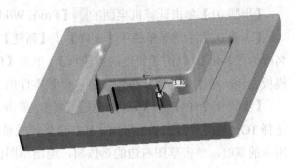

图 7-64　草图绘制　　　　　　　　　　　　图 7-65　倒圆角特征

【步骤 22】单击 【拉伸工具】按钮，单击【基准】工具栏中的 【草绘工具】按钮。选择内凹面为草绘平面。绘制如图 7-64 所示的草绘，单击 按钮完成。

【步骤 23】单击【拉伸】操作面板上的 【移除材料】按钮，点击 【切换方向】按钮，确认箭头指向剖面内部，选择 穿透按钮，单击 按钮生成拉伸切除特征。

【步骤 24】单击【工程特征】工具栏中的 【倒圆角工具】按钮，弹出【倒圆角】操控板。选择如图 7-65 所示边线为倒圆角边，并设置圆角半径为 3，生成倒圆角特征。

【步骤 25】单击 【拉伸】工具按钮，单击【基准】工具栏中的 【草绘工具】按钮。选择 RIGHT 基准面为草绘平面，绘制 $\phi 6$ 直径的草绘圆如图 7-66 所示。

【步骤 26】单击【拉伸】操作面板上的 【移除材料】按钮，设置拉伸方式 对称，拉伸长度为 200，单击 按钮生成拉伸切除特征。如图 7-67、图 7-68 所示。

【步骤 27】至此完成了显示器屏幕的创建，将其保存至指定的文件夹中。如图 7-69 所示。

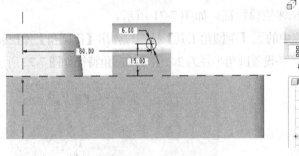

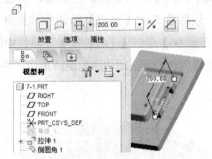

图 7-66　草图绘制　　　　　　　　　　　　图 7-67　对称除料特征

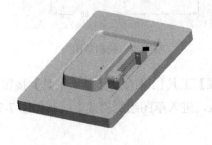

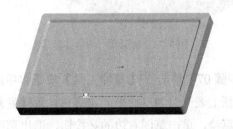

图 7-68　拉伸除料生成　　　　　　　　　　图 7-69　显示器特征

7.4.3　创建支架

【步骤01】单击计算机桌面的 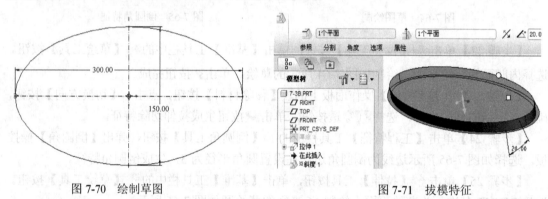【Pro/E Wildfire 5.0】快捷图标，系统会弹出操作界面。

【步骤02】单击菜单栏中【文件】|【新建】命令，系统将弹出【新建】对话框。将文件名改为"7-4b"，取消【使用缺省模板】，单击【确定】按钮。点选【mmns_part_solid】公制模板文件，单击【确定】按钮，进入创建零件的工作环境。

【步骤03】单击 【拉伸工具】按钮，单击【基准】工具栏中的 【草绘工具】按钮。选择 TOP 基准平面为草绘平面，其它设置接受系统默认，进入草图绘制模式。绘制如图 7-70 所示的草绘，单击草图右边的 ✔ 按钮，退出草图模式。

图 7-70　绘制草图	图 7-71　拔模特征

【步骤04】设置拉伸方式为 【指定深度】，输入深度 15 单击完成 ✔ 按钮生成拉伸特征。

【步骤05】选中特征的两侧柱面，单击【工程特征】工具栏中 【拔模】按钮；在【拔模】操控板中激活【拔模枢轴】收集器，点选特征顶表面定义拔模基准；设置角度 20° 并调整好方向，最后单击 ✔【完成】按钮生成拉伸拔模特征。如图 7-71 所示。

【步骤06】单击【工程特征】工具栏中的 【倒圆角工具】按钮，弹出【倒圆角】操控板。选择创建的特征顶边线为倒圆角边，并设置圆角半径为 2，生成的圆角特征如图 7-72 所示。

图 7-72　倒圆角

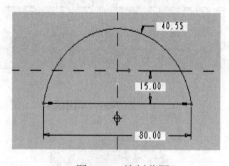

图 7-73　绘制草图

【步骤07】单击 【拉伸工具】按钮，单击【基准】工具栏中的 【草绘工具】按钮。选择特征上表平面为草绘平面，其它设置接受系统默认，进入草图绘制模式。绘制如图 7-73 所示的草绘，单击草图右边的 ✔ 按钮，退出草图模式。

【步骤08】设置拉伸方式为 【指定深度】，输入深度 120 并调整好方向，单击完成 ✔ 按钮生成拉伸特征，如图 7-74 所示。

【步骤 09】单击【工程特征】工具栏中 【拔模】按钮，选中刚创建特征的立面及柱面；在【拔模】操控板中激活【拔模枢轴】收集器，选特征顶表面为拔模基准；设置角度 5°并调整好方向，最后单击 【完成】按钮。生成拉伸拔模特征。如图 7-75 所示。

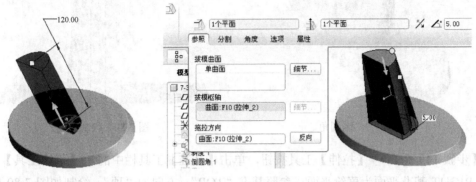

图 7-74　绘制草图　　　　　　　　　　　图 7-75　拔模特征

温馨提示:只有当曲面是由列表圆柱面或平面形成时，才能进行拔模处理；而当曲面边的边界周围具有圆角时，不能进行拔模处理。Pro/E 中拔模角度介于–30°～+30°之间。

【步骤 10】单击【工程特征】工具栏中的 【倒圆角工具】按钮，弹出【倒圆角】操控板。选择两特征交边线为倒圆角边，并设置圆角半径为 3，生成的圆角特征如图 7-76 所示。

【步骤 11】单击 【拉伸工具】按钮，单击【基准】工具栏中的 【草绘工具】按钮。选择 FRONT 基准平面为草绘平面，其它接受系统默认。绘制如图 7-77 所示的草绘，单击草图右边的 按钮，退出草图模式。

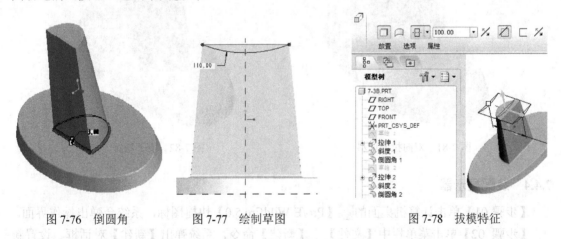

图 7-76　倒圆角　　　　　图 7-77　绘制草图　　　　　图 7-78　拔模特征

【步骤 12】在【拉伸】工具操控板中，设置拉伸方式为 【对称】，拉伸长度 100。选取 【移除材料】按钮，调整好除料方向，如图 7-78 所示。单击 【完成】按钮，生成拉伸除料特征。

【步骤 13】单击【工程特征】工具栏中的 【倒圆角】工具按钮，弹出【倒圆角】操控板。选择两特征相交边线为倒圆角边，并设置圆角半径为 2，生成的圆角特征如图 7-79 所示。

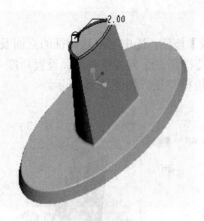

图 7-79　倒圆角

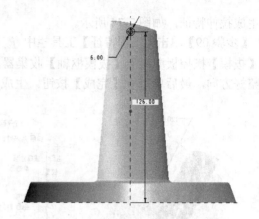

图 7-80　绘制草图

【步骤 14】单击 □ 【拉伸】工具按钮，单击【基准】工具栏中的 ▨ 【草绘工具】按钮。选择 RIGHT 基准平面为草绘平面，参照基准"TOP"，方向为"顶"；绘制如图 7-80 所示的草绘，单击草图右边的 ✔ 按钮，退出草图模式。

【步骤 15】在【拉伸】操控板中，设置拉伸方式为 ⊟ 【对称】，拉伸长度 120，如图 7-81 所示。单击 ✔ 【完成】按钮，生成拉伸特征。

【步骤 16】至此完成了显示器支架的创建，完成效果如图 7-82 所示。将其保存至指定的文件夹中。

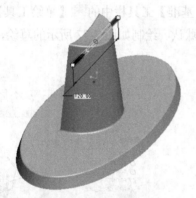

图 7-81　双向拉伸增料

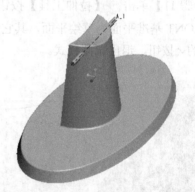

图 7-82　支架特征

7.4.4　装配显示器

【步骤 01】单击计算机桌面的 ▨ 【Pro/E Wildfire 5.0】快捷图标，系统会弹出操作界面。

【步骤 02】单击菜单栏中【文件】|【新建】命令，系统弹出【新建】对话框。设置新建类型为【组件】，将文件名改为"xianshiqi"，取消【使用缺省模板】，单击【确定】按钮。点选【mmns_asm_design】公制模板文件，单击【确定】按钮，进入组件装配的工作环境。

【步骤 03】单击 ▨ 【将元件添加到组件】按钮，系统弹出【打开】对话框，选取显示器支架文件 7-4b 单击【打开】，将其添加到当前组件中；在装配操作面板中，将装配方式设置为【缺省】，单击操作面板中 ✔ 【完成】按钮，效果如图 7-83、图 7-84 所示。

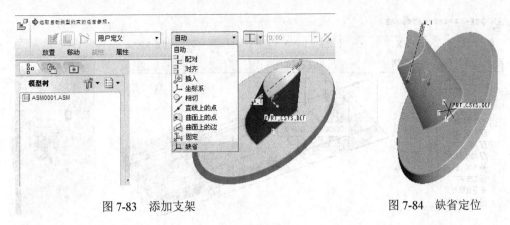

图 7-83　添加支架　　　　　　　　　　　　　图 7-84　缺省定位

温馨提示： 在模型树右侧单击【设置】按钮，在弹出的下拉菜单中选择【树过滤器】命令如图 7-85 所示。在弹出的【模型树项目】中，单击【显示】项目组的【特征】复选框，如图 7-86 所示。然后单击【确定】按钮，这样就可以在模型树中显示各零件的特征。

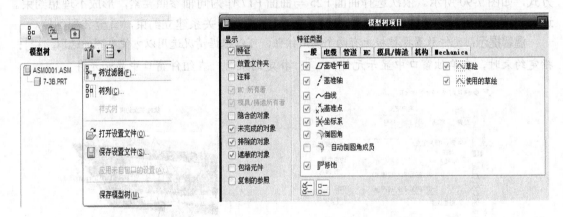

图 7-85　选择【树过滤器】　　　　　　　　　　图 7-86　【模型树项目】对话框

【步骤 04】单击 🗂【将元件添加到组件】按钮，系统弹出【打开】对话框，选取显示屏文件 7-4a 单击【打开】，将其添加到当前组件中。

【步骤 05】单击【放置】标签，弹出【放置】下滑板，设置【约束类型】为【对齐】方式；设置【偏移】类型为【重合】，如图 7-87 所示。

【步骤 06】在元件中分别选择 RIGHT 基准平面和 ASM-RIGHT 基准平面作为对齐参照要素，此时【状态】选项组中显示【部分约束】，如图 7-88、图 7-89 所示。（注意更改约束方向）。

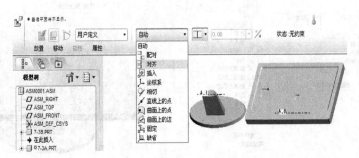

图 7-87　显示屏添加的第一约束

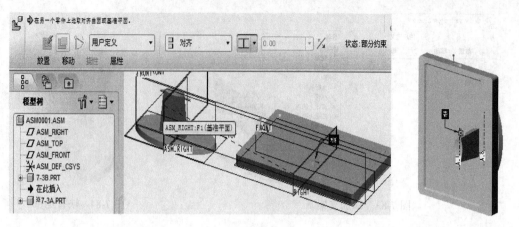

图 7-88　选择对齐约束的两要素　　　　　　　图 7-89　对齐约束完毕

【步骤 07】在【放置】下滑板中选择【新建约束】选项，设置【约束类型】为【插入】方式，如图 7-90 所示。依次选择曲面 F25 与曲面 F17 作为同轴参照要素，形成不理想约束。这种欠缺不能满足机器的正常使用，仍需进一步对其组装关系建立约束，直至装配到位。

温馨提示：元件放置操控板上有两个实用按钮，可以根据情况选用以方便参照的选取。🖵：指定约束时，在单独窗口中显示元件；🖵：指定约束时，在组件窗口中显示元件。

图 7-90　新建插入约束

【步骤 08】在【放置】下滑板中选择【新建约束】选项，设置【约束类型】为【配对】方式，如图 7-91 所示。

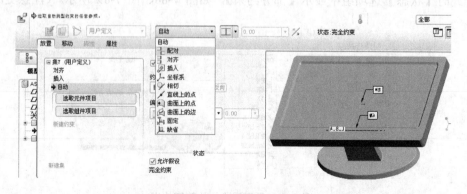

图 7-91　新建配对约束

【步骤 09】依次选择支架底座表面曲面 F6 与显示屏底表面曲面 F6 作为配对参照要素，并在【放置】下滑板中将【角度偏移】设置为 0°。如图 7-92、图 7-93 所示。

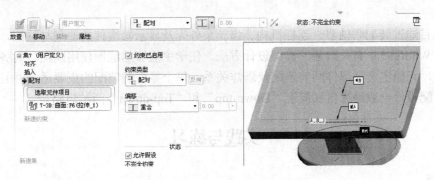

图 7-92 选择支架底座表面 F6

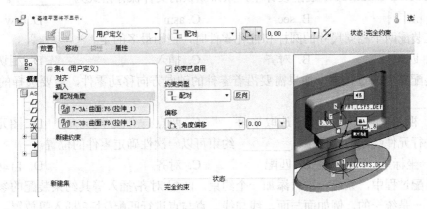

图 7-93 选择显示屏底表面 F6

【步骤 10】最后单击【装配】操作面板中 ✔【完成】按钮，如图 7-94 所示，生成显示器装配效果图。

图 7-94 显示器装配效果

温馨提示： 在组件模型树上右击元件，则打开快捷菜单选项。从而可以执行元件激活、打开、删除、隐含、编辑定义等操作。

项目知识点

本项目通过装配联轴器、连杆机构、齿轮泵外壳及显示器组件的造型与装配，主要运用了 Pro/E Wildfire5.0 有关组装的典型设计方法。使学生能够熟练地使用匹配、对齐、插入等约束关系，正确定义零部件间的装配及爆炸关系。每个零件的装配约束要适当并且使其完全约束，装配设计一般遵循自底向上"Down-top"和"Top-down"两种思路。

实践与练习

1. 选择题

1）在 Pro/E Wildfire 5.0 装配设计中，系统默认的文件保存格式为_____。

　　A. prt　　　　　　　B. sec　　　　　　　C. asm　　　　　　　D. drw

2）在装配两个相同尺寸的圆柱和柱孔零件时，使用最多的是_____。

　　A. 匹配　　　　　　B. 对齐　　　　　　C. 插入　　　　　　D. 相切

3）装配零件的过程中，如果需要沿着零件的轴向方向移动零件，需要选择的运动参照类型为_____。

　　A. 视图平面　　　　B. 选取平面　　　　C. 两点　　　　　　D. 图元/边

4）进行元件装配的过程中，_____ 约束可以一次性确定零件的位置。

　　A. 坐标系　　　　　B. 匹配　　　　　　C. 对齐　　　　　　D. 自动

5）装配过程中，系统一次只添加一个约束。匹配/对齐/插入等其约束装配的参照_____是统一的，例如面与面、线与线、点与点进行匹配/对齐/插入等放置。

　　A.不必　　　　　　B.不一定　　　　　　C.必须　　　　　　D.可以

6）装配中使用_____约束，将系统元件的默认坐标系与组件的默认坐标系对齐。组件中添加第一个元件时，常采用此种方式实现元件在组件中的定位。

　　A. 自动　　　　　　B. 固定　　　　　　C. 缺省　　　　　　D. 对齐

7）在 Pro/E Wildfire 5.0 组件类型界面中，工具栏中的 按钮为_____。

　　A.【拉伸工具】　　　B.【旋转工具】　　C.【将文件添加到组件】　　D.【阵列工具】

2. 填空题

1）在【约束类型】列表框共有 11 种装配类型，分别是_____、对齐、插入、坐标系、相切、直线上点、曲面上的点/边、缺省、自动、固定。

2）系统默认的爆炸视图有时显得凌乱，或者不是所需要的最佳视图，此时便需要对其进行_____，直至获得满意的视图爆炸状态。

3）如果要返回到默认的组合状态，即取消爆炸视图，可以从菜单栏的"视图"菜单中，选择"分解"→_____命令。

4）在组件和零件选择装配的约束关系中_____、_____或____，其各自的参照必须是统一的，即属于同一类型，面对面、线对线、点与点对齐。

5）某些设计场合中，在图形区域不容易选择到所需的对象，此时可以巧妙地结合层树或_____来进行操作。

6）在【组件放置】操控面板的【移动】选项卡中列出了 4 种装配参照，它们分别为定向模式、_____旋转和调整。

3. 简答题

1）如何进入组件模式？以新建一个组件文件为例。

2）装配相同零件主要有哪几种方法？

3）装配元件的操作面板包含哪几种自定义的约束实现？

4）在视图管理对话框中分解视图有哪几种运动类型？

4. 操作题

1）请创建两个简单的零件，然后在一个新建的组件文件中装配这两个零件。

2）根据《项目习题》→xm7 文件→zhouchengzuo 一组零件进行轴承座机构的装配。

项目八 工 程 图

【项目导读】

本项目通过生成轴端挡板、定位块、矩形扣、球面支座等若干工程图训练，学习绘制通过三维图直接生成工程图。理解建立辅助视图和局部视图的各种方法以及标注尺寸、尺寸修改的方法等。最后还安排了相应的实践与练习，旨在通过实际练习，巩固本项目所学的知识点。

【任务提示】

- 轴端挡板工程图
- 定位块元件工程图
- 矩形拉模扣工程图
- 原废料切刀工程图
- 定模板工程图

根据视图生成的方法及用途，可以将视图分为一般视图、投影视图、详细视图、辅助视图和旋转视图。

（1）一般视图

在工程视图中所放置的第一个视图为一般视图。只有生成一般视图后，才可以根据此视图在合适的位置创建投影视图、详细视图、辅助视图等。一般视图是系统根据在"方向"对话框所设置的视图方向，将它放置在屏幕上，或使用预先保存在零件或组件模式中的已命名的视图来定义。一般视图不属于任何其它视图，因此可以在工程图页面中任意移动。

（2）投影视图

投影视图是由所选视图的顶部、底部、右侧或左侧正向投影生成的视图。投影视图与生成它的父视图相关联，体现以下两个方面：

① 投影视图与父视图比例相同；

② 父视图移动时，投影视图或与之对齐，只能移动投影视图接近或远离父视图。

（3）辅助视图

辅助视图是沿着生成它的父视图上的一个斜面，或基准平面的法线方向，或沿着某一轴所创建的投影视图。与投影视图相同，辅助视图与生成它的父视图相关联，这种关联性与投影视图相关联性相同，即：

① 辅助视图与父视图比例相同。

② 父视图移动时辅助视图会保持与之对齐，且只能移动辅助视图接近或远离父视图。

（4）详细视图

详细视图与生成它的父视图形状相同，只是比例有所改变。由于详细视图是其父视图的一部分，因此在详细视图中，边的显示形式、截面线和隐藏线的显示形式与父视图一致。若欲修改详细视图中边、线显示形式，应修改其父视图。

（5）旋转视图

旋转视图是现有视图绕切割平面旋转 90°，而且沿着它的长度方向偏距生成的截面视图。截面是一个区域横截面，仅显示被切割平面切割的材料。

任务 8.1 轴端挡板工程图

8.1.1 设计分析

如图 8-1 是定位块零件三维模型图，定位块是注射模具中，用于动定模合模定位使用的零件。本任务具体讨论如何将此三维模型转化出二维工程图，以便大家初步了解制作工程图的基本步骤。

知识点：利用 Pro/E 工程图模块自带模板，制作第一个工程图。

图 8-1 轴端挡板

8.1.2 设计步骤

【步骤 01】左键单击"新建"按钮，在弹出的新建对话框中单击"绘图"，在"名称"文本框中输入"8-1"作为工程图名称，将"使用模板"前复选框内的"√"去掉，单击"确定"。如图 8-2 所示。

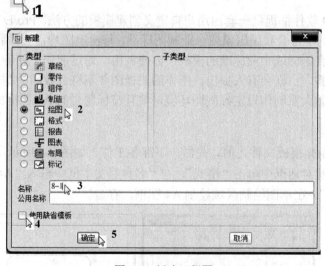

图 8-2 新建工程图

【步骤 02】在"新建绘图"选项卡中，单击"浏览" 按钮，弹出"打开"界面，单击文件"8-1.prt"后，单击"打开"按钮。此时，"新建绘图"选项卡中"缺省模型"中显示刚选择的文件。单击"使用模板"选项，选择"a4_drawing"，单击"确定"按钮。如图 8-3 所示。

现在就完成了第一个工程图的制作，很简单吧。读者可能有疑问，究竟这样做出的工程图符合我国的国家标准吗？能够像 AutoCAD 那样调入图框和标题栏吗？确实，这是我们会遇到的现实问题，Pro/E 工程图模块的功能很强大，早已经解决了这个问题。下一个任务将为大家讲解如何制作自定义模板。

温馨提示：a0_drawing—a4_drawing 是 Pro/E 工程图模块自带的模板，提供用户公制制图环境，幅面为 A0—A4。a_drawing - f_drawing 提供用户公制制图环境，幅面为 a—f。用户可以根据情况自行选取。

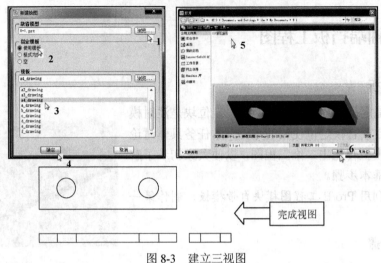

图 8-3　建立三视图

任务 8.2　制作 A4 图框模板

8.2.1　设计分析

任何一款 CAD 软件都提供一套由用户自定义创建模板的方法。Pro/E 工程图模块虽自带一些模板文件，但均不符合我国国家或企业制图标准，每次出图均需要重新设定，十分繁琐，因此需要自定义符合国标或企业标准的模板，方便调用。通过前一个任务，大家初步了解制作工程图的基本步骤，也许会有人提出，所作的三视图并不符合我国的制图标准，因此，在这个任务中，就要教大家制作设定好制图环境，并且带标题栏的 A4 图框的模板文件。

8.2.2　设计步骤

【步骤 01】在制作模板文件之前，先做一下准备工作。如图 8-4 所示，左键单击"新建"按钮，在弹出的新建对话框中单击"格式"，在"名称"文本框中输入"A4H"作为草绘文件名称，单击"确定"。在草图绘制区域绘制 A4 图框，存盘。

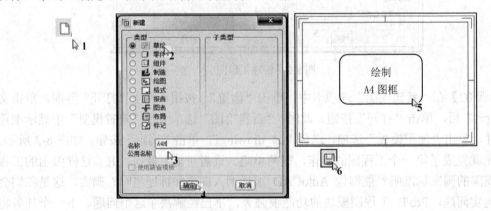

图 8-4　新建草绘文件

【步骤 02】如图 8-5 所示：

① 左键单击"新建"按钮，在弹出的新建对话框中单击"格式"，在"名称"文本框中

输入"A4H"作为模板文件名称，单击"确定"。

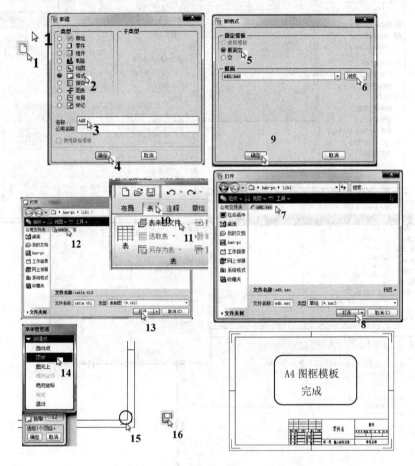

图 8-5　制作模板文件

② 在弹出的"新格式"对话框的"制定模板"选项中选择"截面空"，单击"浏览"按钮，在弹出的"打开"对话框中，选择刚才保存的"A4H.sec"草图文件，单击"打开"。这时在绘图区出现 A4 图框。依次单击"表"、"表来自文件"按钮，选择文件"table.dtl"（预先画好的图表文件）后确定。

③ 单击"菜单管理器"中"顶点"选项，单击选择 A4 图框内框的右下角，单击保存。此时带标题栏的 A4 横向图框完成。

温馨提示：模板文件的命名最好能明确地表示出图纸的大小，以及横竖方向，便于日后调用。A4H 中 A4 代表图幅尺寸，H 代表横向。很多企业内部都创建一整套文件命名规则，有兴趣的读者可以自己编制符合自身需要的命名规则。

【步骤 03】如图 8-6 所示，现在关闭所有文件。单击"工具"，选择"选项"，在"选项"对话框中，点击"查找"，在"查找选项"对话框中输入关键字"draw"，点击"立即查找"，在"选择选项"中选择"drawing_setup_file"，单击"浏览"，选择"cns_ISO.dtl"文件，打开文件。回到 "查找选项"对话框，依次单击"添加/更改"、"关闭"按钮。回到 "查找选项"对话框，依次单击"添加/更改"、"应用"、"关闭"按钮。到此，就将制图环境设置完成。

下一个任务将讨论如何调用该模板。

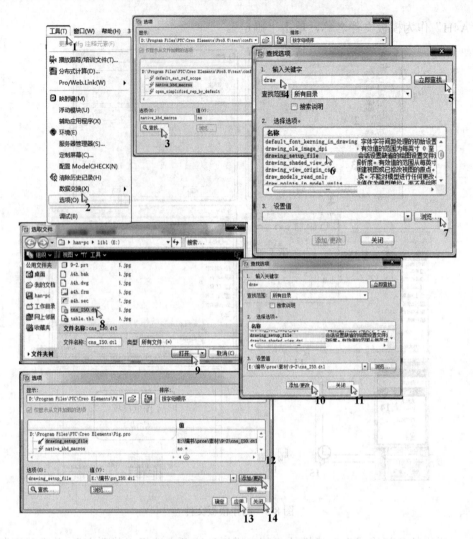

图 8-6   导入设置环境文件

温馨提示：cns_ISO.dtl 文件是事先设置好的，修改制图环境的文件。其中包括修改制图单位为 mm、修改第三视角为第一视角、修改文字大小为 3.5 等。Pro/E 软件不同于其它软件，它的各种选项设置，都是通过修改 CONFIG 文件实现的，由于其中选项较多，大部分选项本任务涉及不到，因此不在这里一一讲解，有兴趣的读者请自行查阅相关书籍，对 Pro/E 进行个性化设置。

任务 8.3   定位块工程视图

8.3.1   设计分析

如图 8-7 所示定位块零件三维模型图，在这个任务，还是利用这个视图，调用任务 8.2 制作的模板，手动调出一般视图和投影视图，制作符合国标的三视图。和任务 8.1 比较一下异同。

知识点：一般视图、投影视图。

8.3.2 设计步骤

【步骤 01】首先左键单击"新建"按钮，在弹出的新建对话框中单击"绘图"，在"名称"文本框中输入"8-3"作为工程图名称，将"使用模板"前复选框内的"√"去掉，单击"确定"。如图 8-8 所示。

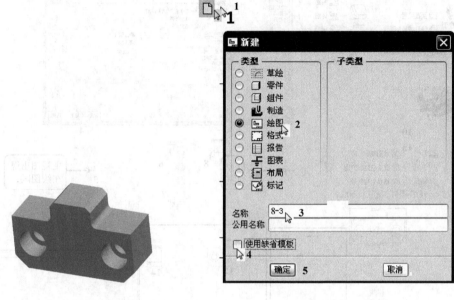

图 8-7　定位块　　　　　　　　　　图 8-8　新建工程图

【步骤 02】如图 8-9 所示。在"新建绘图"选项卡中，将选择文件"8-3.prt"作为缺省模型。选择"指定模板"栏的"格式为空"选项。单击"格式"栏的"浏览"按钮，选择任务 8.2 制作的"A4H.frm"模板文件。单击"确定"。

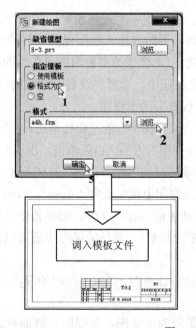 

图 8-9　调入模板文件

温馨提示："格式为空"是简体版 Pro/E 中的错误翻译，实际应译为"自定义模板"。

【步骤 03】如图 8-10 所示。

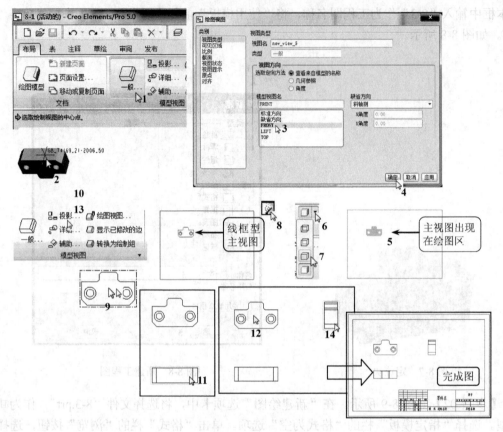

图 8-10 绘制三视图

① 在工程图界面中，单击"一般视图"按钮，系统提示"选择绘制视图的中心点。"，在绘图区域空白处单击，出现"8-3.prt"的轴测图形，同时弹出"绘图视图"对话框。

② 单击"模型视图名"中的"front"，单击"确定"，模型的主视图出现在绘图区。单击"着色"按钮旁黑色三角形按钮，在弹出的全部着色按钮中，选择"没有隐藏线的线框" 形式。单击"重画"按钮，刷新一下视图，于是出现线框形的主视图。

③ 单击选中主视图，点击"投影图"按钮后，在主视图下方的空白处单击，出现俯视图。继续单击选中主视图，点击"投影图"按钮后，在主视图右方的空白处单击，出现左视图。

通过以上步骤，大家可以使用自定义模板制作带图框的零件三视图。与任务 8.1 相比较，此任务中没有使用 Pro/E 自带的模板文件。在零件三维图中预先设定"front"、"top"等定向视图的前提下，使用 Pro/E 自带的模板文件可以自动生成三视图文件。如果希望设置可自动生成三视图的 GB 模板，可以单击"应用程序"中的"模板"，具体的操作步骤可以参考相关资料。

在实际生产中，只有三视图还不能足以明确表达设计意图，机械制图中的很多表达方法，将逐步向大家进行介绍。

根据指定视图中显示模型的多少，可以将视图分为全视图、半视图、破断视图和局部视图。

全视图：显示整个模型，是最常用的显示范围。

半视图：仅显示切割平面一侧的模型部分，此切割平面可以是一个平面，也可以是一个基准面，且在新视图中必须垂直于屏幕。当模型为对称时，有可能就使用半视图来描述图形。

破断视图：从大型模型中删除两选定点之间的部分，并将余下的两部分合拢在一个指定距离内。

局部视图：在视图中显示封闭边界内的模型部分。系统仅显示该边界内的部分，而删除边界外的部分。

剖面分类：

根据视图是否具有横截面或是否为单一曲面，可以将视图分为有横截面、无横截面和曲面。

① 无剖面　默认选项，视图中不显示横截面。

② 2D 截面　显示某一特定视图的 2D 横截面。在菜单管理器中选择"完成"之后，在随后出现的菜单中，将对横截面继续详细分类。

完全：创建一个全截面视图。

一半：视图中显示截面的一半。

局部：视图中显示部分截面。

全部（展开）：完整截面视图，且显示绕某一轴的展开区域的截面。

全部（对齐）：完整截面视图，且显示一般视图的全部展开的截面。

完全与局部：显示带有局部横截面的全部横截面视图，实际为第一类和第三类截面的合成。

③ 3D 截面　显示带 3D 视图的横截面或视图。

④ 单个零件曲面　在视图中仅显示某一特定方向上所选取的曲面。

根据视图是否有比例或是否设置为透视图，可以将视图分为比例、无比例和透视图。

下一个任务详细介绍剖视图的作法。

任务 8.4　矩形拉模扣工程图

8.4.1　设计分析

现在讨论矩形拉模扣零件如图 8-11 所示的工程图制作。拉模扣是在塑料模具中起到延迟开模的元件。此次任务目的是制作如图 8-12 所示的带剖视图的工程图。

知识点：完全剖视图、半剖视图、局部剖视图。

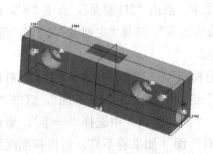

图 8-11　矩形拉模扣

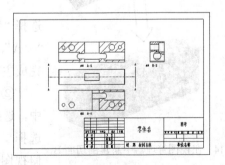

图 8-12　工程图

8.4.2 设计步骤

【步骤01】如图8-13所示，创建剖切面A。首先打开8-4零件图，单击"视图管理器"按钮，在弹出的"视图管理器"界面中选择"横截面"选项卡，单击"新建"按钮，在出现的文本输入框中写"A"，回车。创建名称为A的剖切面。在弹出的"菜单管理器"中，选择"平面"、"单一"两个选项后，单击"完成"。在弹出的"菜单管理器"中，选择"平面"选项后，在零件图上选择基准面"DTM3"，这时出现"剖面A"。

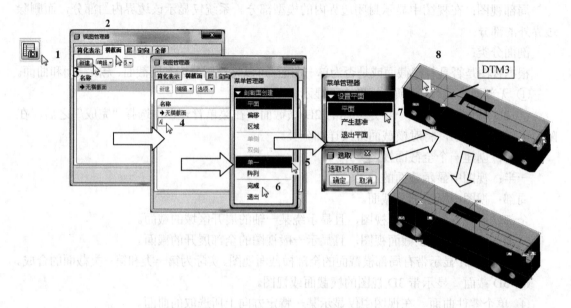

图8-13   在视图管理器中新建剖切面A

【步骤02】如图8-14所示，创建剖切面B，重复图8-13的第1~8步（注意文本输入框中写"B"），在零件图上选择基准面"DTM4"，这时出现"剖面B"。

【步骤03】以"8-41"为文件名，新建带自定义模板的工程图文件。如图8-15所示，选择"top"视图建立"一般视图"，并依次建立"仰视图"、"俯视图"、"左视图"3个投影视图。

① 双击"仰视图"，在弹出的"绘图视图"对话框中，选择"截面"选项卡，点击"2D剖面"，点击"+"，选择"√A"，点击"箭头显示"，选择"主视图"，点击"确定"完成主视全剖视图。

② 双击"俯视图"，在弹出的"绘图视图"对话框中，选择"截面"选项卡，点击"2D剖面"，点击"+"，选择"√A"。在"剖切区域"中选择"一半"，后点击俯视图的"DTM1"面（如果看不见，请将基准面显示

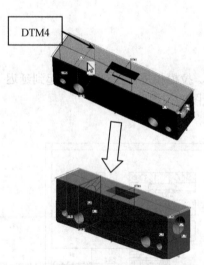

图8-14   在视图管理器中新建剖切面B

打开）。点击"箭头显示"，选择"主视图"，点击"确定"完成半剖视图的创建如图8-16所示。

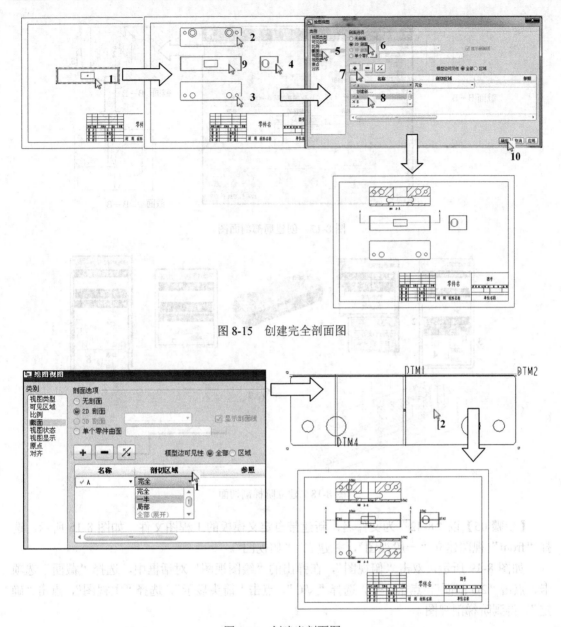

图 8-15　创建完全剖面图

图 8-16　创建半剖面图

③ 如图 8-17 所示，双击"左视图"，在弹出的"绘图视图"对话框中，选择"截面"选项卡，点击"2D 剖面"，点击"+"，选择"√B"，点击"应用"，生成剖视图 B—B。

在"剖切区域"中选择"局部"，后点击左视图上要做局部剖面的地方，用鼠标做出如图封闭的样条线，点击"确定"，生成局部剖视图。

【步骤 04】如图 8-18 所示，创建阶梯剖切面 C。重复【步骤 01】图 8-13 的第 1~4 步（注意文本输入框中写"C"），在弹出的"菜单管理器"中，选择"偏移"、"双侧"、"单一"三个选项后，单击"完成"。在弹出的"菜单管理器"中，选择"平面"选项后，在零件图上选择上表面，打开草绘图界面，绘制如图所示的 3 段直线，点击"√"，完成剖切面 C 的创建并保存零件图。

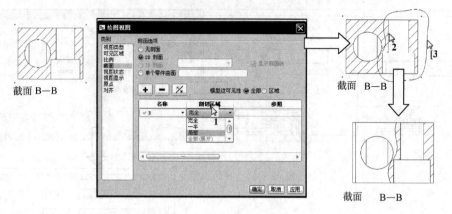

图 8-17　创建局部剖面图

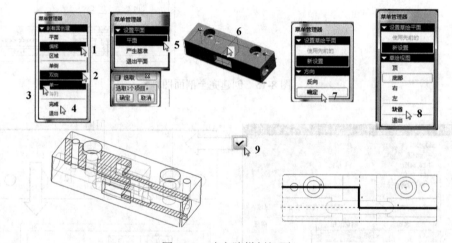

图 8-18　建立阶梯剖切面

【步骤 05】以"8-42"为文件名，新建带自定义模板的工程图文件。如图 8-15 所示，选择"front"视图建立"一般视图"，并建立"俯视图"。

如图 8-19 所示，双击"俯视图"，在弹出的"绘图视图"对话框中，选择"截面"选项卡，点击"2D 剖面"，点击"+"，选择"√C"，点击"箭头显示"，选择"主视图"，点击"确定"。得到阶梯剖视图。

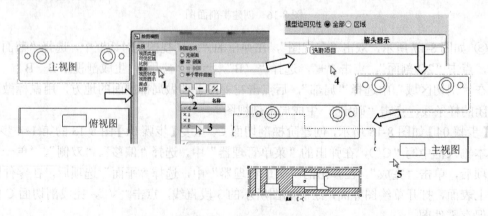

图 8-19　建立阶梯剖视图

现在完成了完全剖视图、半剖视图、局部剖视图、阶梯剖视图的绘制，下一个任务将介绍旋转剖视图。

任务 8.5 球面支座工程图

8.5.1 设计分析

在前几个任务中，学习了完全剖视图、半剖视图、局部剖视图和阶梯剖视图，本任务将研究剖视图的最后一种——旋转剖视图。任务选用图 8-20 所示球面支座，球面支座是拉床上用的支撑部件，外形是圆形回转体，想将它的结构表达清楚，必须要使用旋转剖视图。

知识点：旋转剖视图。

8.5.2 设计步骤

【步骤 01】首先在打开零件图 8-5.Prt，如图 8-21 所示在视图管理器中建立旋转剖面图。

图 8-20 球面支座

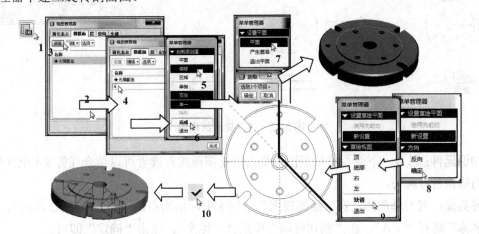

图 8-21 建立旋转剖切位置

重复在任务 8.4 阶梯剖视图中的步骤，在选择平面时，选择圆形的上表面，在菜单管理器中依次单击"确定"、"缺省"（或者单击中键 2 次），作出一条经过 3 个圆孔和一个键槽的折线的草图。点击"√"。生成旋转剖切面。

【步骤 02】新建工程图文件 8-5.drw。如图 8-22 所示，以模型视图名选择"top"作出主视图，投影出俯视图，并作出轴测图。分别双击三个视图，在"绘图视图"选项卡中，点击"视图显示"，将"显示样式"改为"消隐"，点击"确定"。双击俯视图，在"绘图视图"选项卡中，依次点击"截面"、"2D 剖面"、"+"，在"名称"选择"√A"，在"剖切区域"中选择"全部（对齐）"，"参照"中选择轴测图的 A—1 基准轴，点击"箭头显示"，选择主视图，点击"确定"。得到要求的旋转剖视图。

本次任务，主要讲授了旋转剖视图的作法，和阶梯剖视图一样，要先在"视图管理器中"作出截面图后再进入工程图选用。当然，也可以随时切换零件图和工程图来构建剖面图。下一个任务，将讨论非剖视图。

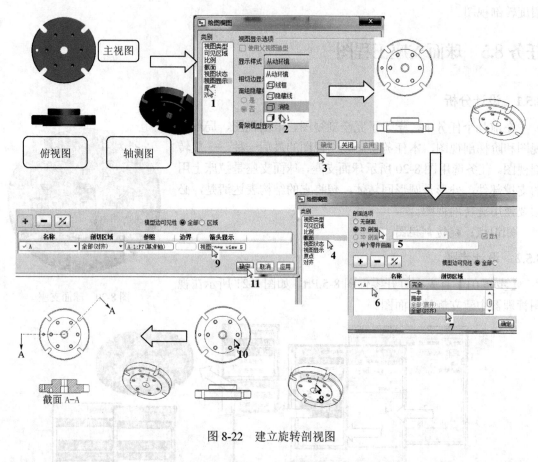

图 8-22　建立旋转剖视图

　　知识延伸：思考一下能否将轴测图也变为剖视图形式？读者可以结合任务 8.4 至任务 8.6 所学的知识进行解答。

　　答案是：双击轴测图，在"绘图视图"选项卡中，依次点击"截面"、"2D 剖面"、"+"，在"名称"选择"√A"，在"剖切区域"中选择"完全"，点击"确定"即可。

任务 8.6　圆废料切刀工程图

8.6.1　设计分析

　　圆废料切刀是冲压模具用于切除废料的工具，如图 8-23 所示。这个任务中，利用它来学习非剖视图中的详细视图和辅助视图。在任务 8.1 中，已经介绍了一般视图和投影视图，这次也要用到。

　　知识点：详细视图、辅助视图。

8.6.2　设计步骤

　　本次任务将创建出如图 8-24 所示的工程视图，其中包括一般视图、投影视图、详细视图和辅助视图。

图 8-23　圆废料切刀

【步骤01】新建"8-6.drw"文件，如图 8-25 所示，建立主视图和俯视图，并将"视图显示"中的"显示样式"改为"消隐"。点击"详细视图"后，在主视图需要放大的图线上单击，围绕该地点画出一条封闭的样条曲线，点击中键，将鼠标移至空白处，左键单击，绘制出详细视图，如果想更改比例，双击详细视图，点击"比例"，在定制比例选项中输入理想的数值。

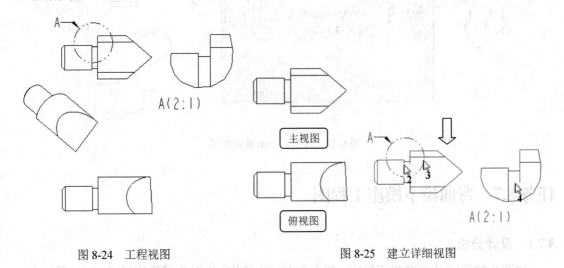

图 8-24 工程视图　　　　　　　　　　　图 8-25 建立详细视图

【步骤02】现在建立辅助视图。如图 8-26 所示，单击"辅助视图"，选择主视图上的斜线，沿着这条斜线的法线方向移动鼠标，在空白处单击，生成辅助视图。

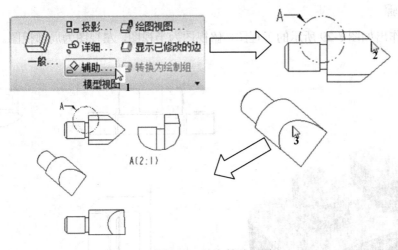

图 8-26 建立辅助视图

知识延伸：本次任务需要讲解的任务已经完成，但为了使图纸更美观，可以将辅助视图改进一下。具体步骤见图 8-27 所示，双击辅助视图，在"绘图视图"中，点击"截面"选项卡中的"单个零件曲面"，点击辅助视图中需要显示的面，点击"确定"。读者可以比较一下异同。

在这个任务中，学会了详细视图和辅助视图，结合前几个任务所学的知识，现在就可以绘制一幅像样的工程图了。但是，到目前为止，涉及的都是全视图，如果是对称图形，能只显示一半图形吗？能只显示部分图形吗？等等。那下面的任务，将介绍半视图、破断视图和局部视图。

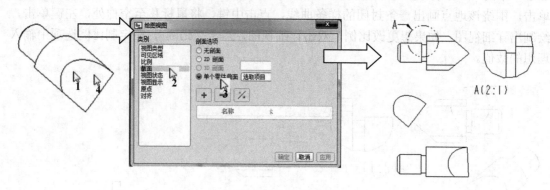

图 8-27　建立单一面辅助视图

任务 8.7　弯曲模下模座工程图

8.7.1　设计分析

如图 8-28 所示为弯曲模下模座，属于左右对称结构，有时为了简化视图，可以只画出一般视图。另外，左视图可以作出局部视图，表示出想表达的局部特征即可。

知识点：半视图、局部视图。

8.7.2　设计步骤

本次需要作出如图 8-29 所示的工程图，俯视图为半视图，左视图为局部视图。下面开始介绍具体作法。

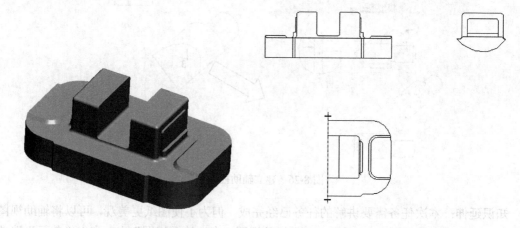

图 8-28　弯曲模下模座　　　　　　　图 8-29　工程视图

【步骤 01】首先作出如图 8-30 所示三视图。双击俯视图，在"绘图视图"对话框中的"可见区域"选项卡中，选择"视图可见性"中的"半视图"。系统提示输入"半视图参考平面"，选择俯视图的"DTM1"平面（请打开基准面显示）。单击"确定"。

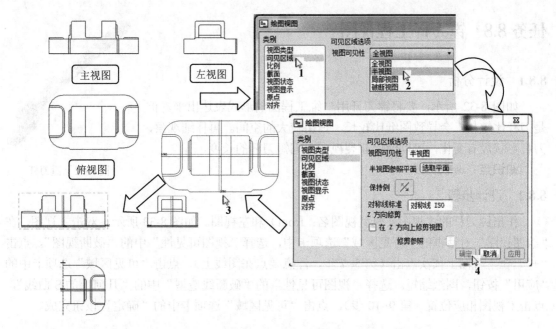

图 8-30 制作半视图

【步骤 02】如图 8-31 所示，现在制作局部视图。双击左视图，在"绘图视图"对话框中的"可见区域"选项卡中，选择"视图可见性"中的"局部视图"。点击左视图上要保留的图线，然后围绕此点绘制封闭的样条曲线，单击中键确定。单击 "绘图视图"对话框的"确定"按钮，得到局部视图，如图 8-31 所示。

半视图和局部视图大家学会了吗？如果学会了，将进入下一个任务，主要学习断裂视图。

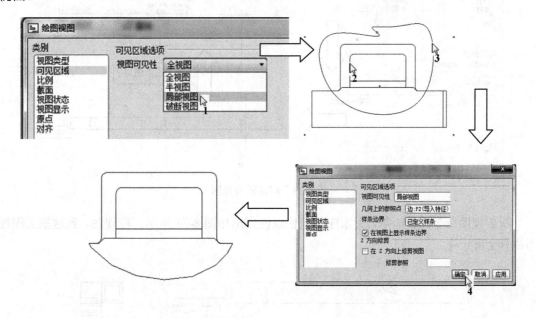

图 8-31 制作局部视图

任务 8.8 镗刀杆工程视图

8.8.1 设计分析

如图 8-32 所示，要将镗刀杆用二维工程图的形式表达出来，但是刀杆比较长，会导致图纸比较长，占用较大的空间。再仔细观察，刀杆形状没有变化，可以使用断裂视图来缩短刀杆的长度。

知识点：断裂视图。

图 8-32 镗刀杆

8.8.2 设计步骤

作出镗刀杆的主视图（模型视图名：front）和左视图。如图 8-33 所示，双击主视图，在"绘图视图"对话框的"可见区域"选项卡中，选择"视图可见性"中的"破断视图"。点击"+"，在主视图上依次点击（第 5~7 步，注意要点在图线上），点击"可见区域"选项卡中的"应用"按钮，图纸缩短。选择"视图可见性"的"破断线造型"中的"几何上的 S 曲线"，点击主视图相应位置（第 9~10 步），点击"可见区域"选项卡中的"确定"按钮完成。

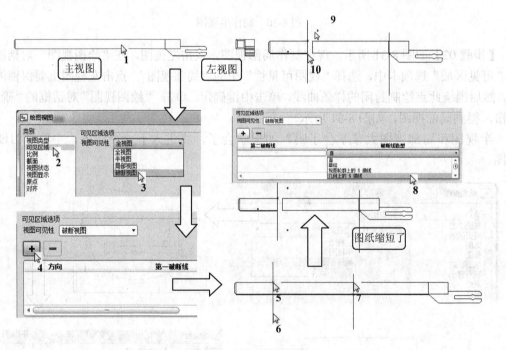

图 8-33 创建断裂视图

断裂视图命令比较简单，大家应该很快就能作出如图 8-34 所示工程视图，到这里工程视图命令全部讲完。

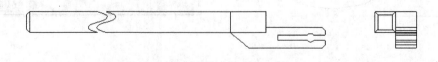

图 8-34 断裂视图

任务 8.9　定模板工程图

8.9.1　设计分析

如图 8-35 所示，这是注射模具中常见的定模板。定模板形状比较简单，大家可以结合前面所学的知识，作出如图 8-36 所示的工程图。本任务将继续学习研究标注的用法。

知识点：尺寸标注。

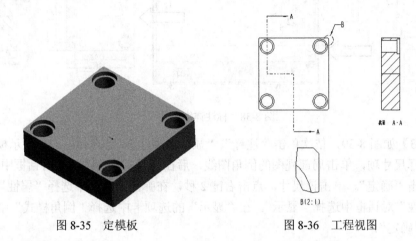

图 8-35　定模板　　　　　　　　　　图 8-36　工程视图

8.9.2　设计步骤

【步骤 01】如图 8-37，依次单击"注释"、"显示模型注释"，在弹出的"显示模型注释"对话框中选择尺寸项，单击主视图，后在"显示模型注释"对话框中选择需要的尺寸，单击"应用"。单击左视图，后在"显示模型注释"对话框中选择需要的尺寸，单击"确定"，得到所示外形标注图形。

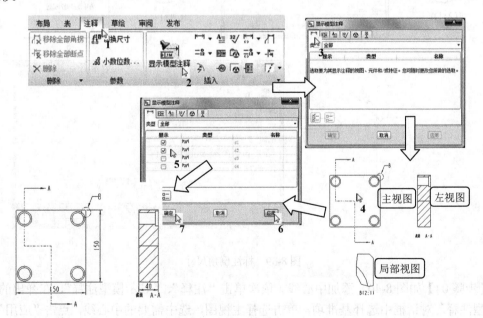

图 8-37　标注外形尺寸

　　【步骤 02】如图 8-38，依次单击"注释"、"显示模型注释"，在弹出的"显示模型注释"对话框中选择尺寸项，单击主视图的柱孔图线，后在"显示模型注释"对话框中选择需要的尺寸，单击"应用"。单击左视图的柱孔图线，后在"显示模型注释"对话框中选择需要的尺寸，单击"确定"，得到所示详细标注图形。

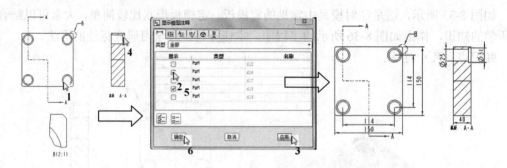

图 8-38　标注详细尺寸

　　【步骤 03】如图 8-39，依次单击"注释"、"显示模型注释"，在弹出的"显示模型注释"对话框中选择尺寸项，单击局部视图的倒角图线，后在"显示模型注释"对话框中选择需要的尺寸，单击"确定"。单击该尺寸，点击右键 2 秒，在弹出的菜单中选择"属性"，在显示的"尺寸属性"对话框中选择"显示"。在"显示"的选项卡中选择"倒角样式"中的"D×45"，单击"确定"。

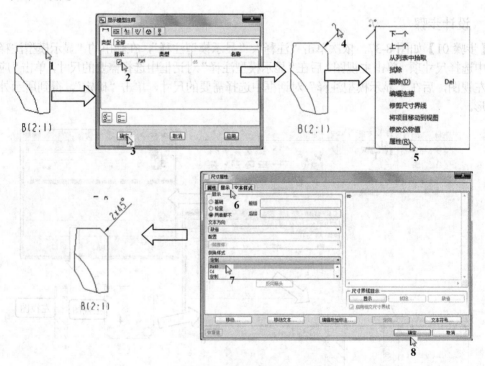

图 8-39　标注倒角尺寸

　　【步骤 04】如图 8-40，添加中心线。依次单击"注释"、"显示模型注释"，在弹出的"显示模型注释"对话框中选择基准项，单击选择主视图，选中需要的中心线，点击"应用"。单击选择左视图，选中需要的中心线，点击"应用"。依次单击主视图和左视图中孔的图线，选中需要的中心线，点击"确定"。

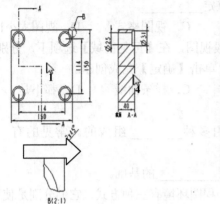

图 8-40　添加中心线

本任务完成如图 8-41 所示，建立一个完整的工程视图。

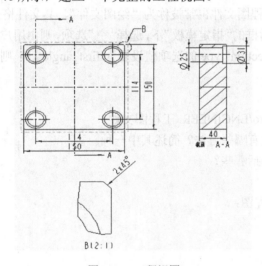

图 8-41　工程视图

项目知识点

　　通过 Pro/E 5.0 工程图命令的应用，使读者能够掌握设置和导入工程图配置选项，如何创建主视图、辅助视图、投影视图和剖视图等。最后学习尺寸标注与编辑，进行多种形式的个性化设置。Pro/E 在整个产品的研发中，从图纸设计到 3D 造型再到加工制造等各模块的数据共享，协同工作的设计理念，充分彰显了现代设计方法的先进性和高效性。

实践与练习

1. 选择题

　　1）在工程图环境中，使用＿＿＿＿＿＿来确认结束命令或确认选取。

  A．鼠标中键　　　B．鼠标左键　　　C．鼠标右键　　　D．Enter

2）斜轴测视图转换为正等侧视图时，需重定_____。

  A．视图位置　　　B．视图几何参照　　　C．视图格式　　　D．视图大小比例

3）创建局部放大图时，在绘图区双击一般视图，在【可见区域】选项下，分别选择放大的几何参照点和_____绘制的放大区域后，单击【确定】完成创建。

  A．直线　　　　　B．曲线　　　　　　C．样条曲线　　　D．都不是

2．填空题

1）工程图是_____,工程图是由多种_____组成的。常见的有_____、_____、_____、_____和_____。

2）一般视图是创建_____和_____的基础。

3）在打开的"新制图"对话框中，进入工程图环境有三种方式，它们分别是使用模板、_____和空。可根据不同需要选择不同的方式。

4）基础视图包括一般视图、投影视图、辅助视图以及旋转视图等多种。_____是所有其它视图创建的基础。

5）在 Pro/E 中的工程图文件也常被称为"绘图文件"，其文件格式为_____。

6）在"新制图"对话框的"指定模板"下，选择"空"选项，则由用户指定_____。

7）将绘图选项 projection_type 的选项值设置为 first_angle 后，则接下来制作的工程图都符合_____投影法。

3．简答题

1）如何新建一个 Pro/ENGINEER 工程图文件？

2）投影视图的创建有哪些方法？简述其中一种。

3）基本工程视图包括哪些？

4．操作题

制作以下零件的工程图：

1）O 形密封压套。

2）钩头楔件。

3）直柄接杆。

参 考 文 献

[1] 二代龙震工作室. Pro/ ENGINEER Wildfire 3.0 基础设计. 北京：电子工业出版社，2006.

[2] 楚天科技. Pro/ENGINEER Wildfire 4.0. 北京：化学工业出版社，2009.

[3] 钟日铭. Pro/ ENGINEER Wildfire 3.0 基础入门与范例. 北京：清华大学出版社，2007.

[4] 支保军. Pro/ENGINEER Wildfire 5.0. 北京：清华大学出版社，2011.

[5] 高葛. Pro/E Wildfire 4.0 项目化教程. 北京：理工大学出版社，2010.

[6] 冯如设计在线. Pro/ENGINEER Wildfire 3.0 入门精通. 北京：人民邮电出版社，2008.

[7] 孙江宏. Pro/ ENGINEER Wildfire 3.0 中文版工程图与数据交换. 北京：清华大学出版社，2007.

[8] 麓山科技. Pro/Engineer wildfire5.0 机械设计实例精讲.北京：机械工业出版社，2010.

[9] 秦长海等. Pro/ENGINEER Wildfire 3.0 中文版范例教程. 北京：清华大学出版社，2007.

[10] 钟日铭. Pro/ENGINEER 实用教程. 北京：机械工业出版社，2010.